가방과 파우치를 만듭니다

TSUKAI YASUI BAG TO POUCH(NV70255)
Copyright© NIHON VOGUE—SHA 2014
All rights reserved.
First published in Japan in 2014 by Nihon Vogue Co., Ltd.
Photographer: Ayako Hachisu, Noriaki Moriya, Asako Ogura
Designers of the projects: Eriko Aoki, Michiyo Ito, Yuki Oki, Tatsuya Kaigai, Yoko Kato,
Yoko Kubodera, Mioko Sugino, Tomoko Tanaka, Chie Hiraizumi, Toshiko Fukuda, Yuka Mozumi

This Korean edition is published by arrangement with Nihon Vogue Co., Ltd, Tokyo
in care of Tuttle—Mori Agency, Inc., Tokyo through Botong Agency, Seoul.

# 가방과 파우치를 만듭니다

일본보그사 지음
고심설 옮김
코하스아이디 소잉스토리 감수

BM 황금부엉이

**Part 3**  **프레임**

## 가방과 파우치 만들기의 기초 지식

## How to make······95

Bag & Pouch

## **Part 1** 지퍼

## 지퍼의 종류

같은 지퍼라도 소재나 모양에 따라 종류가 다양하다.
각각의 특징이나 성질을 미리 알아두면 만드는 작품에 딱 맞는
지퍼를 골라 사용할 수 있다.

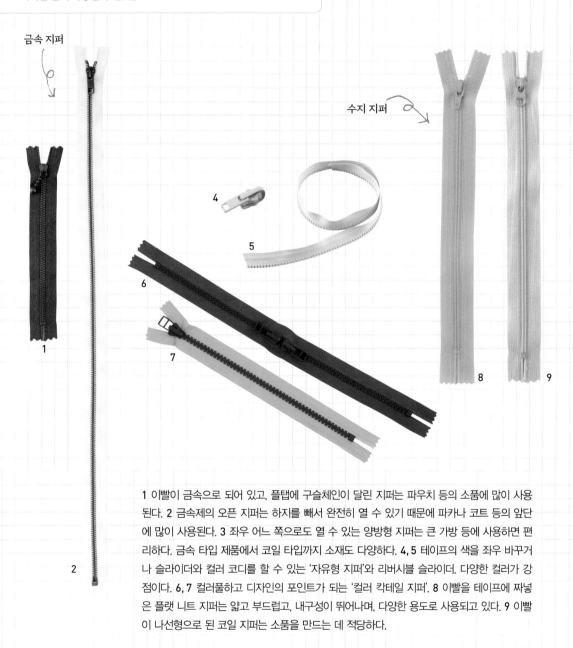

금속 지퍼

수지 지퍼

1 이빨이 금속으로 되어 있고, 플탭에 구슬체인이 달린 지퍼는 파우치 등의 소품에 많이 사용된다. 2 금속제의 오픈 지퍼는 하지를 빼서 완전히 열 수 있기 때문에 파카나 코트 등의 앞단에 많이 사용된다. 3 좌우 어느 쪽으로도 열 수 있는 양방형 지퍼는 큰 가방 등에 사용하면 편리하다. 금속 타입 제품에서 코일 타입까지 소재도 다양하다. 4, 5 테이프의 색을 좌우 바꾸거나 슬라이더와 컬러 코디를 할 수 있는 '자유형 지퍼'와 리버시블 슬라이더. 다양한 컬러가 강점이다. 6, 7 컬러풀하고 디자인의 포인트가 되는 '컬러 칵테일 지퍼'. 8 이빨을 테이프에 짜넣은 플랫 니트 지퍼는 얇고 부드럽고, 내구성이 뛰어나며, 다양한 용도로 사용되고 있다. 9 이빨이 나선형으로 된 코일 지퍼는 소품을 만드는 데 적당하다.

※구매 가능한 국내 사이트 www.fashionstart.net(패션스타트)

## 지퍼의 구조와 각 부분의 명칭

각 부분의 명칭과 구조를 알아두자.

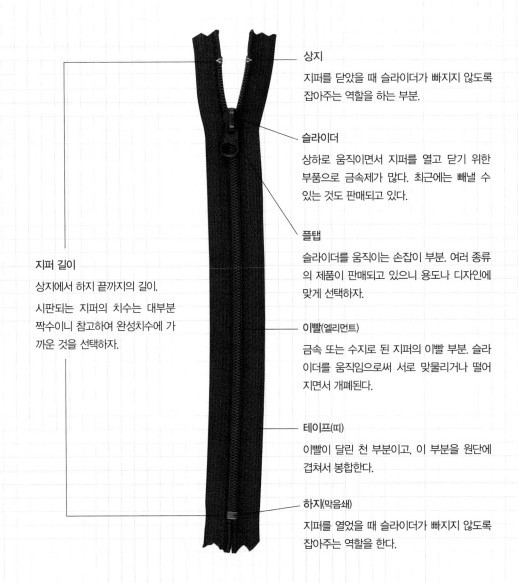

**상지**

지퍼를 닫았을 때 슬라이더가 빠지지 않도록 잡아주는 역할을 하는 부분.

**슬라이더**

상하로 움직이면서 지퍼를 열고 닫기 위한 부품으로 금속제가 많다. 최근에는 빼낼 수 있는 것도 판매되고 있다.

**플탭**

슬라이더를 움직이는 손잡이 부분. 여러 종류의 제품이 판매되고 있으니 용도나 디자인에 맞게 선택하자.

**이빨**(엘리먼트)

금속 또는 수지로 된 지퍼의 이빨 부분. 슬라이더를 움직임으로써 서로 맞물리거나 떨어지면서 개폐된다.

**테이프**(띠)

이빨이 달린 천 부분이고, 이 부분을 원단에 겹쳐서 봉합한다.

**하지**(막음쇠)

지퍼를 열었을 때 슬라이더가 빠지지 않도록 잡아주는 역할을 한다.

**지퍼 길이**

상지에서 하지 끝까지의 길이.
시판되는 지퍼의 치수는 대부분 짝수이니 참고하여 완성치수에 가까운 것을 선택하자.

# 지퍼를 다는 방법

### 이빨을 보여주는 방법

지퍼를 다는 방법에는 이빨을 보여주는 방법과 숨기는 방법의 2가지가 있다.

이 책에서는 주로 가방 등 소품 만들기에 적당한 이빨을 보여주는 방법을 소개한다. 디자인의 포인트도 되니 원단과 지퍼의 컬러 코디를 즐겨보자.

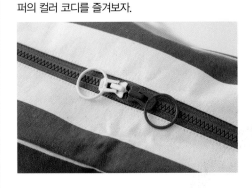

### 이빨을 숨기는 방법

지퍼를 보여주지 않는 방법도 알아두자.

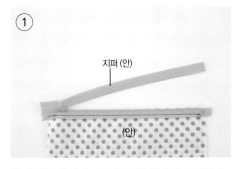

지퍼 (안)

(안)

원단 안쪽과 지퍼 겉쪽을 맞닿게 겹쳐 고정한다.

(겉)

원단의 접는 선을 마주보게 놓고 시침질을 하고 나서 한쪽씩 봉합한다.

## 지퍼 누르기 전용 노루발

슬라이더가 부딪히지 않게 원단의 한 쪽만 눌러서 봉합할 수 있는 금속도 구. 봉합하는 쪽에 맞춰서 좌우를 바꾸면서 사용한다.

**01**

HOW TO MAKE 12~17쪽

**02**

HOW TO MAKE 96쪽

# 지퍼 토트백
# &지퍼 파우치

색이 살짝 바랜 것 같은 빈티지한 느낌의
리넨으로 만든 토트백과 함께 세트를 이루는 파우치.
입구에 지퍼가 달린 가방은 속이 보이지 않아서 안심.
안감 없이 간단하게 완성할 수 있다.

지퍼가 있어서 입구가 깔끔하다.
원단과 지퍼의 색을 배색하면 포인트가
된다.

가방과 파우치는 만드는 방법이 같다. 가방과 파우치 모두 수납공간이 넉넉하다.

side

스트라이프무늬 리넨

# 지퍼 토트백

먼저 한 장으로 완성하는 지퍼 토트백에 도전해 지퍼를 다는 방법을 배워보자. 양면접착시트로 지퍼를 고정하면 어긋나지 않게 봉합할 수 있고, 시침핀을 따로 꽂을 필요 없다.

## 재단배치도

완성 사이즈 : 폭51(하부33)×높이28×바닥폭18cm(손잡이 제외)   ※( ) 안의 숫자는 시접, 지정 이외 시접은 1cm

### 스트라이프무늬 리넨

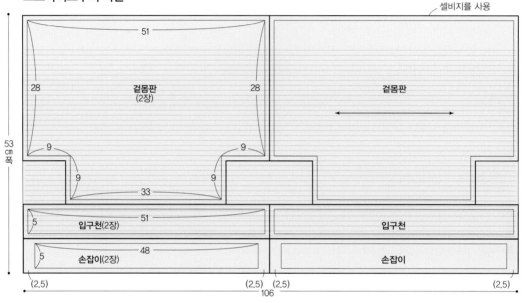

### 도트무늬 코튼 바이어스 천

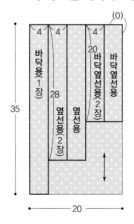

### 양면접착시트 ※길이가 모자랄 때는 붙여서 사용

단위=cm

※이해하기 쉽도록 눈에 띄는 색의 실을 사용하였다. 실제로 봉합할 때는 원단 색에 맞는 실을 사용하도록 한다.

**재료**
스트라이프무늬 리넨 53cm폭× 106cm, 도트무늬 코튼 20×35cm, 50cm 지퍼 1개, 양면접착시트

**밑 준비**
바이어스 천의 끝에서 1cm 안 쪽에 시접선을 그린다. 선은 한쪽만 그으면 OK.

## 손잡이를 만든다

① 
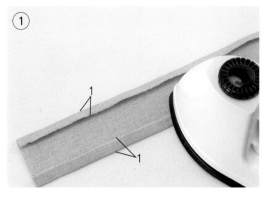

손잡이의 긴 변의 시접을 접어 다림질을 한다. 나머지 한 장도 같은 방법으로 접어 다린다.

② 

①을 겉끼리 맞닿게 반으로 접어 다림질을 한다. 나머지 한 장도 동일하게.

## 입구천에 지퍼를 단다

③ 
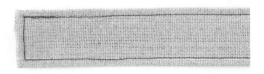

끝에서 0.2cm 안쪽 둘레를 상침한다. 같은 방법으로 한 장 더 만든다.

④ 
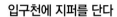

입구천 안쪽 시접 뒤에 1cm 폭의 양면접착시트A를 겹치고, 다리미로 접착한다.

⑤ 

④의 접착시트에서 껍질을 벗기고 시접을 접어 다리미로 접착한다. 나머지 한 장도 동일하게.

여기가 포인트

⑥ 
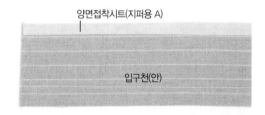
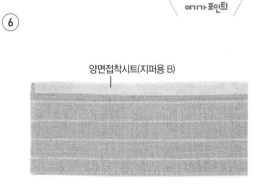

⑤에서 접착한 시접 위에 0.7cm폭의 양면접착시트 B를 붙인다.

⑦

지퍼의 겉에 ⑤를 겹치고 다리
미로 접착한다. 지퍼 양끝은 조
금 내려둔다.

여기가 포인트

0.5  1.5

⑧

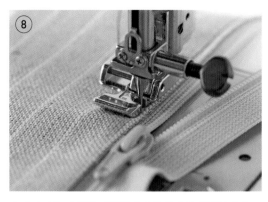

슬라이더를 조금씩 이동해가면서 원단의 끝에서 0.2cm
안쪽을 상침한다.

⑨

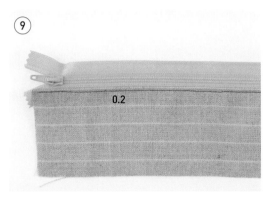

0.2

한쪽 지퍼가 달린 모습. 지퍼를 닫았을 때 슬라이더가 왼
쪽에 오는 쪽이 앞이 된다.

⑩

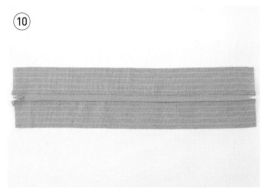

⑦~⑨와 같은 방법으로 반대쪽에도 지퍼를 단다.

⑪

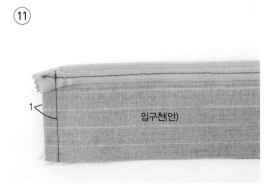

1

입구천(안)

⑩을 겉끼리 맞닿게 반으로 접은 후 양 옆선을 봉합한다.

⑫

시접을 가른다

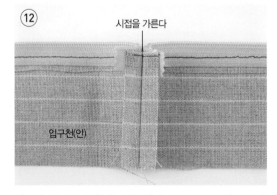

입구천(안)

시접을 가름솔하여 다린다. 반대쪽도 같은 방법으로 완
성한다.

## 옆선을 봉합하고 시접을 정리한다

⑬

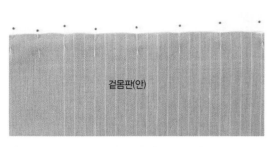

겉몸판을 겉끼리 맞대어 옆선 시접에 시침핀을 꽂는다.
이때 스트라이프 무늬가 어긋하지 않도록 주의한다.

⑭

양 옆선 시접에 바이어스 천을 겹친 후 3장을 한번에 봉
합한다. 윗부분은 2cm 비워둔다.

⑮

⑭가 뒤로 가도록 뒤집어서 바닥 시접에 바이어스 천을
겹쳐 마찬가지로 봉합한다.

⑯

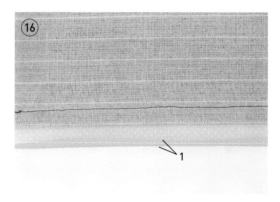

⑭와 ⑮에서 봉합한 바이어스 천을 각각 겉으로 뒤집어
끝을 1cm 접는다.

⑰

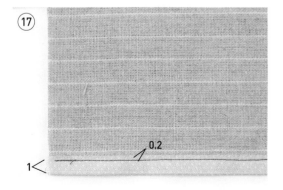

바이어스 천으로 시접을 감싸고, ⑭의 봉제선에서 0.2cm
위쪽을 상침한다.

⑱

나머지 시접도 같은 방법으로 처리한다.

## 바닥을 봉합하고 시접을 정리한다

⑲

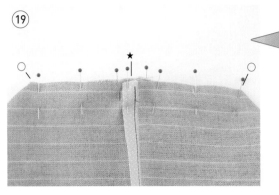

서로 반대 방향으로
넘긴 시접

표시를 맞춰 바닥과 옆선을 겹친다. 바닥과 옆선의 시접
은 서로 반대 방향으로 넘긴다.

⑳

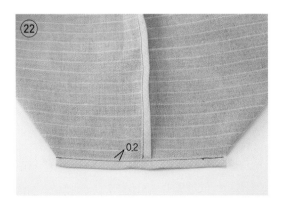

1

⑲에 바닥용 바이어스 천을 겹쳐서 봉합한다.

㉑

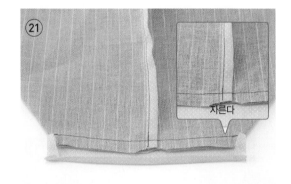

자른다

바이어스 천을 겉으로 뒤집고 양 끝을 접는다. 원단이 많
이 겹치는 부분은 잘라낸다.

㉒

0.2

바이어스 천으로 시접을 감싸고 ⑳의 봉제선에서
0.2cm 위쪽을 상침한다. 반대쪽도 동일하게.

## 몸판과 입구천을 봉합한다

㉓

옆선 시접의 위에서 2cm 아래쪽에 가위집을 넣고 시접
을 가름솔한다. 반대쪽에도 같은 위치에 가위집을 넣고
가름솔한다.

㉔

가름솔한 시접을 다린다.

㉕

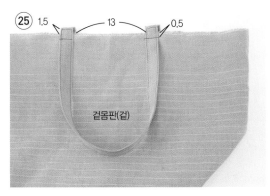

1.5    13    0.5

겉몸판(겉)

손잡이 끝을 1.5cm 남기고, 겉몸판의 겉면에 겹친 후 시접에 임시 고정한다. 반대쪽도 동일하게 작업한다.

㉖

입구천(안)

겉몸판(겉)

겉몸판과 입구천을 겉끼리 맞대고, 옆선 솔기를 잘 맞춘 후 시침핀으로 촘촘하게 고정한다.

㉗

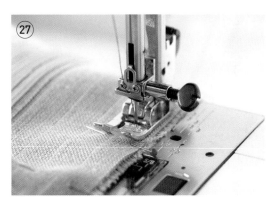

1cm 시접으로 입구 둘레를 한 바퀴 봉합한다.

㉘

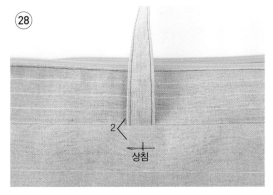

2

상침

입구천을 겉으로 뒤집고, 손잡이를 다는 위치에서 2cm 아래를 3번 상침한다(손잡이를 더 단단히 고정하기 위함).

㉙

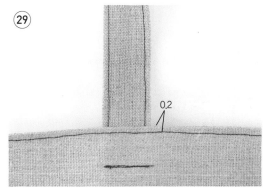

0.2

입구천을 몸판 안쪽으로 접고 시접을 다리미로 정돈한 다음, 입구 둘레를 상침한다.

17

**03**

HOW TO MAKE 99쪽

# 미니 보스턴백

사다리꼴 모양의 디자인이 예쁜 스퀘어 타입의 미니 보스턴백.
원단에 프린트된 무늬 중 포인트가 될 만한 색상을 골라
지퍼와 손잡이도 같은 색으로 맞추어 더욱 깔끔하고 세련된 느낌으로 완성.

inside pocket

안감으로는 그레이계열의 스트라이프무늬 원단을 사용했다.
펜이나 열쇠를 넣을 수 있는 안주머니도 달려 있다.

지퍼 플탭(고리)에는 원단의 프린트무늬를
잘라서 만든 마스코트 스트랩을 달았다.

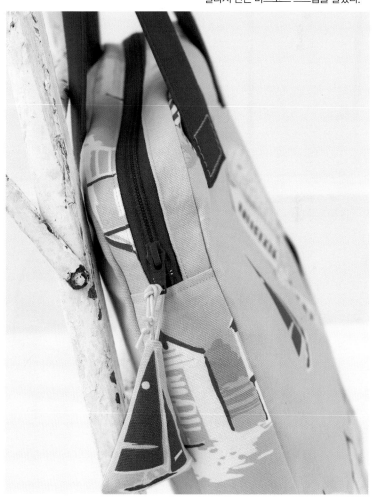

# 마린 스트라이프 보스턴백
# &다용도 파우치

두꺼운 스트라이프가 캐주얼한 느낌을 주는 보스턴백은
2~3박 여행에 사용하기에도 알맞은 크기.
보스턴백과 세트를 이루는 다용도 파우치는
고리를 달아 후크 등에 걸어서 사용할 수 있다.

**05**

HOW TO MAKE 104쪽

**04**

HOW TO MAKE 102쪽

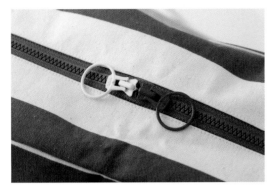

조합이 자유로운 '프리스타일 지퍼'를 사용.
슬라이더의 색을 좌우 바꿔서 컬러 배색을 즐겨보자.

바깥쪽 주머니에는 자주 꺼내는 물건을 넣어두기 좋다.
주머니는 손잡이를 달 때 몸판과 같이 봉합한다.

*front pocket*

다용도 파우치는 속옷 등을 수납하는 데 편리하다.
반으로 접어서 고리를 닫아 사용할 수도 있다.

I like swiming!

# 둥근바닥 숄더백

벽돌색의 도트무늬와 모카브라운 컬러의 조합이
사랑스러운 양동이 모양의 귀여운 숄더백.
겉·안감 모두 캔버스원단을 사용하여 튼튼하게 만들었다.
24~25쪽에서는 가방과 세트를 이루는 파우치를 2종 소개한다.

## 06

HOW TO MAKE 107쪽

바닥이 튼튼하도록 원단을 3장 겹쳐 만들었다.
겉주머니에 지퍼가 달려 있어서 안심하고 수납!

inside pocket

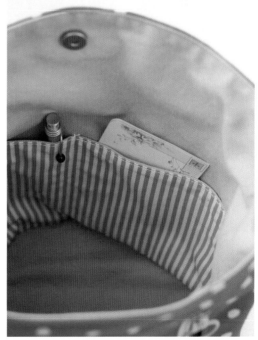

속주머니에 사용한 하늘색 스트라이프 원단이 지퍼의 색상과
자연스럽게 어우러진다.

# 더블지퍼 파우치

납작한 타입으로 부피가 크지 않아
공간이 부족한 가방 속에도 넣어 다니기 좋다.
수납공간마다 지퍼를 따로 달아서
통장이나 티켓 등 귀중품을 정리하는 데 딱!
필통으로도 손색없다.

## 07

HOW TO MAKE 97쪽

# 라운드 파우치

동그란 모양이 사랑스러운 작은 사이즈의 파우치.
크기는 작지만 수납력이 뛰어나다.
두 가지 색을 사용한 지퍼를 달아서
앞서 소개한 가방과 세트 느낌으로 만들었다.

## 08

HOW TO MAKE 26~30쪽

inside

작은 물건을 넣어두기에 편리하도록 안주머니를 달
았다. 화장품 파우치나 소잉 케이스 등 필요에 따라
다양한 용도로 활용할 수 있다.

# 라운드 파우치

파우치 옆면에 지퍼를 붙여서 입체적인 형태로 만드는 방법은 가방 만들기에도 응용할 수 있다. 안감의 시접에 바이어스 처리를 하면 변형을 방지하고 둥근 모양이 더욱 확실하고 예쁘게 완성된다.

**재단배치도**
**완성 사이즈 : 직경14 × 바닥폭5cm** ※( ) 안의 숫자는 시접, 지정 이외 시접은 1cm

## 도트무늬 캔버스(겉감)

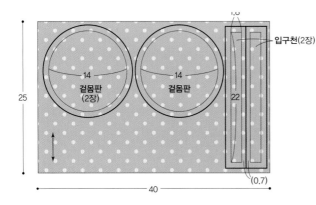

입구천(2장)

## 모카 캔버스(겉감)

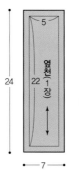

단위=cm
※이해하기 쉽도록 눈에 띄는 색의 실을 사용하였다. 실제로 봉합할 때는 원단 색에 맞는 실을 사용하도록 한다.

## 도트무늬 코튼(안감)

※안주머니와 안감 모두 접착심지를 붙인다.

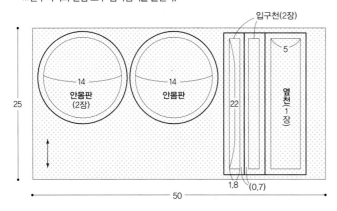

입구천(2장)

## 스트라이프무늬 코튼

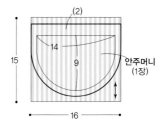

**접착심지**

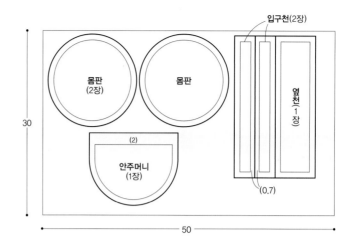

**프린트무늬 코튼 바이어스천**

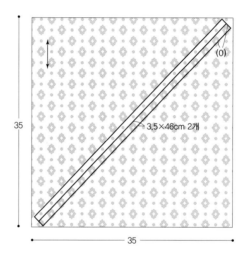

**재료**
도트무늬 캔버스 40×25cm, 모카색 캔버스 7×24cm, 도트무늬
코튼 50×25cm, 스트라이프무늬 코튼 16×15cm, 접착심지 50×
30cm, 프린트무늬 코튼 35×35cm, 자유형 지퍼 1쌍(24cm로 자
른다), 슬라이더 1개

## 입구천에 지퍼를 단다

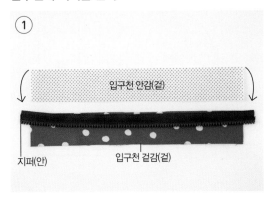

입구천 겉감에 자유형 지퍼를 겹친다. 이빨은 아래로 향
하게 한다.

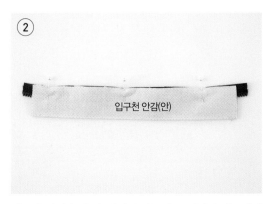

입구천 안감을 ①과 겉끼리 마주대고 지퍼가 어긋나지
않도록 시침핀으로 고정한다.

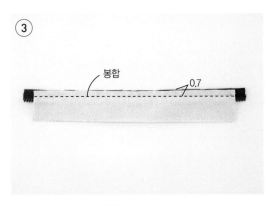

0.7cm 시접으로 봉합한다.

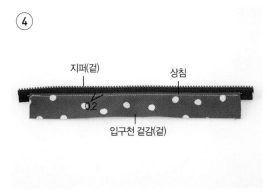

겉으로 뒤집어 다림질로 시접을 정리하고, 끝단에서 0.2cm
안쪽을 상침.

## 파우치 옆면을 만든다

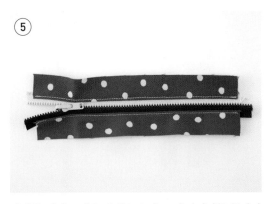

반대쪽 지퍼도 같은 방법으로 달고, 슬라이더를 통과시
킨다. 지퍼는 닫아둔다.

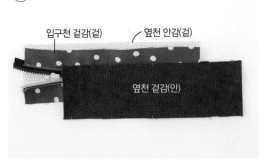

옆천 겉감과 안감을 겉끼리 서로 맞대고, 그 사이에 ⑤를
끼운다.

⑦

봉합      봉합

양쪽 옆선을 봉합해 원형으로 만든다.

⑧

0.2

겉으로 뒤집어 시접을 아래로 넘긴 다음, 끝에서 0.2cm
를 상침한다. 반대쪽도 같은 방법으로 한다.

## 안주머니를 만든다

⑨

맞춤점

파우치의 옆면 완성! 지퍼 끝을 가지런히 정돈하고 중심
을 잡은 후 4군데에 맞춤점을 표시한다.

⑩

1 <

안주머니(안)

안주머니의 주머니 입구 시접을 1cm로 두 번 접고 다리
미로 눌러준다.

⑪

0.7

안주머니(겉)

겉으로 뒤집고, 끝에서 0.7cm 안쪽을 상침.

⑫

겉몸판(안)

안몸판(겉)

안주머니(겉)

겉몸판과 안몸판을 안끼리 맞대고 그 위에 ⑪을 겹친다.

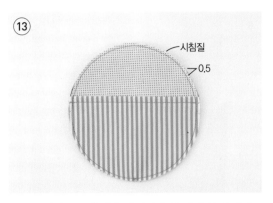

⑬

0.5cm 시접으로 세 장을 한꺼번에 한 바퀴 둘러 임시로
봉합한다.

## 몸판과 옆면을 봉합한다

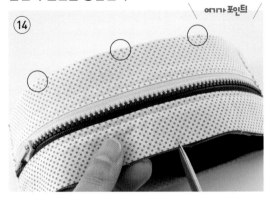

⑭

옆면 시접에 가위집을 넣는다.

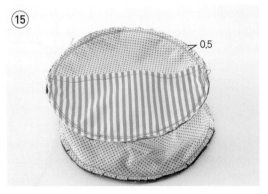

⑮

주머니의 방향에 주의하며 몸판과 옆면의 맞춤점을 맞춰
임시고정 봉합한다. 이때 지퍼는 꼭 열어둔다.

## 시접을 정리한다

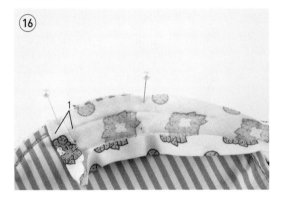

⑯

바이어스 천의 한쪽 끝을 1cm 접어 시침핀으로 고정한다.

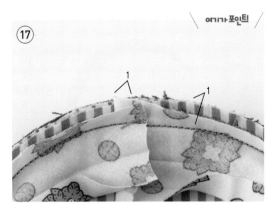

⑰

바이어스 천을 한 바퀴 둘러 고정하고, 끝을 1cm 겹치게
하여 자른 후 봉합한다.

⑱

바이어스 천을 겉으로 뒤집어 시접을 감싼 후, 파우치 옆
면에 감침질하여 고정한다.

# 2단변신 지퍼백 &
# 반달 파우치

컬러풀한 스트라이프와 도트 무늬의 조합이
생기 넘치는 가방과 파우치다.
특히 가방은 양쪽 옆면에 지퍼가 달려서
필요에 따라 가방의 폭을 변신할 수 있다.
파우치에는 열고 닫기 편한 양문형 지퍼를 사용했다.

**09**

HOW TO MAKE 110쪽

**10**

HOW TO MAKE 110쪽

짐이 적을 때는 지퍼를 닫고, 짐이 많을 때
는 지퍼를 열어 변신! 하나의 가방으로 2
가지 스타일을 즐길 수 있다.

## **11**

HOW TO MAKE 113쪽

# 스퀘어 보스턴백

큰 사이즈의 보스턴백은 여행용으로 딱!
가볍고 튼튼하며, 어깨에 멜 수 있는 탈부착 끈이 달려 있어
활용도가 큰 아이템이다.
작은 스트라이프에 무지의 심플한 테이프가
조화를 이루어 세련되고 싫증나지 않는 디자인이다.

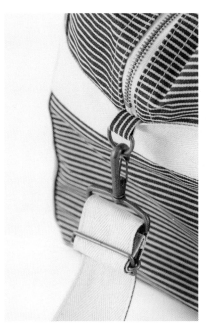

어깨끈은 길이를 조절할 수 있다. 연결고리가 달려 있어 사용하지 않을 때는 가방에서 어깨끈을 분리할 수 있다.

바깥 주머니는 티켓이나 IC카드를 넣는 데 적당한 깊이. 두꺼운 소재이므로 봉제할 때 주의한다.

front pocket

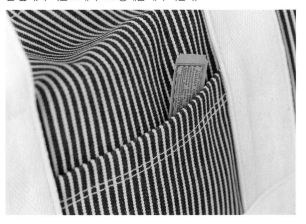

**12**
HOW TO MAKE 117쪽

**13**
HOW TO MAKE 119쪽

단색 보스턴 백

백 인 백

## 단색 보스턴백

튼튼하고 컬러풀한 캔버스원단은 가방이나 파우치를 만들기에 적당한 소재. 한 장의 원단으로 쉽게 만들 수 있어 초보자에게 추천하는 아이템이다. 양방향 지퍼를 사용하면 열고 닫기도 편리하다!

## 백 인 백

주머니가 많이 달려 있는 백 인 백은 가방 속의 지저분한 물건들을 깔끔하게 정리하기 좋다.
2가지 색을 배색해 컬러의 조합을 즐겨보자.

주머니는 모두 8개! 가방의 뒷면 바깥 주머니는 옆면에 폭이 있어서 두꺼운 물건도 넣을 수 있다.

가방 안쪽에도 주머니가 많아서 카드류에서 문구류까지 종류별로 깔끔하게 정리할 수 있다.

파우치 안쪽에도 주머니를 달았다. 한 장의 원단으로 쉽게 완성할 수 있다. 파우치 색상과 대비되는 지퍼 색상으로 포인트를 주었다.

잡지나 태블릿PC도 여유 있게 들어가는 사이즈. 입구에 스티치를 해주어 디자인에 포인트를 주었다.

# 칸막이 파우치

크고 작은 주머니가 많이 있는 칸막이 파우치는 지저분해지기 쉬운 가방 속을 말끔하게 정리해주는 똑똑한 아이템. 서류 케이스로도 좋다.

**14**

HOW TO MAKE 122쪽

# 화장품 파우치

정열적인 새빨간 색상의 캔버스 원단에
티롤리안(Tyrolean) 테이프가 조화로운 미니파우치다.
티슈케이스를 달아 실용성을 높였다.
파우치의 옆면에는 손잡이를 달아 들고 다니기도 편하다.
양면접착시트를 활용하면 쉽게 만들 수 있다.

## 15

HOW TO MAKE 125쪽

# 열쇠고리
# 미니파우치

넓은 폭의 티롤리안 테이프(Tyrolean
tape)를 그대로 살려 만든 작은 파우
치로, 지퍼고리에 큰 고리를 달아 열
쇠고리로도 사용할 수 있다.

## 16

HOW TO MAKE 125쪽

만드는 법은 32쪽이나 34쪽의 가방과 동일하다. 위
아래 옆면을 봉합할 때 지퍼 양끝에 손잡이를 겹쳐
서 같이 봉합한다.

*tissue case*

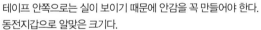

티슈가 쏙 들어가는 사이즈.
티롤리안 테이프의 색상과 지퍼의 색상을 자연스럽게 배색해보자.

테이프 안쪽으로는 실이 보이기 때문에 안감을 꼭 만들어야 한다.
동전지갑으로 알맞은 크기다.

# 주름 파우치

통통하고 사랑스러운 실루엣의 비밀은
바로 앞뒤로 풍성하게 잡은 주름!
여기에 돔 모양으로 만든 입구천에 레이스를 붙여서
여성스럽고 우아한 분위기를 연출했다.

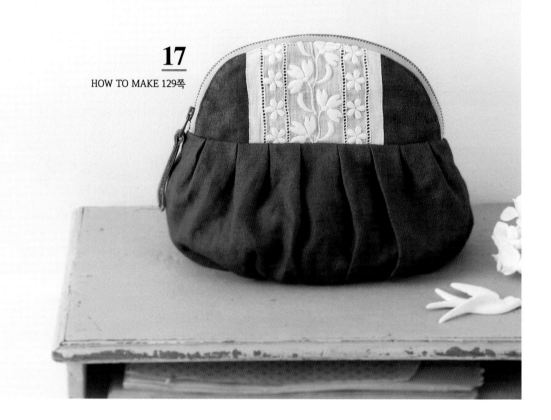

## 17

HOW TO MAKE 129쪽

flower print

안감은 빈티지한 느낌의 프린트무늬 원단을 사용.
지퍼는 고리의 구멍이 큰 것을 선택한다.

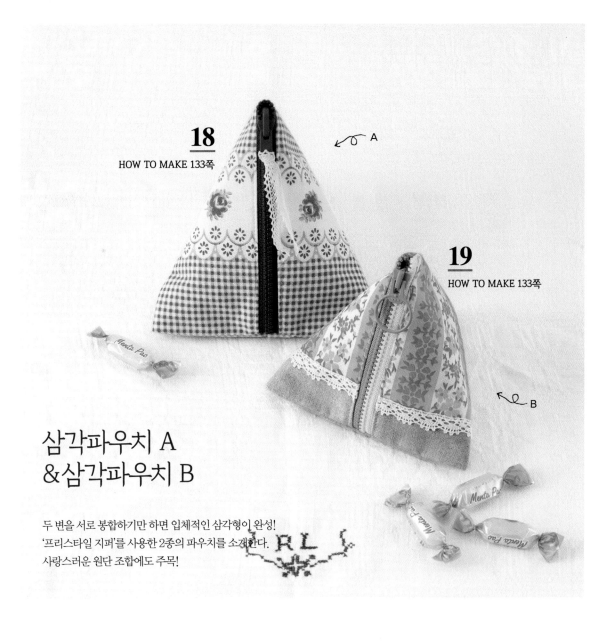

**18**

HOW TO MAKE 133쪽

A

**19**

HOW TO MAKE 133쪽

B

# 삼각파우치 A
# &삼각파우치 B

두 변을 서로 봉합하기만 하면 입체적인 삼각형이 완성!
'프리스타일 지퍼'를 사용한 2종의 파우치를 소개한다.
사랑스러운 원단 조합에도 주목!

A는 '프리스타일 지퍼' 한 개로 제작 가능.
원으로 구부린 부분이 상지 역할을 한다.

Bag & Pouch

Part2 손잡이

## 손잡이를 다는 기본 방법

손잡이를 달 위치를 확인하고, 시침핀이나 양면 테이프를 사용해 손잡이를 원단에 고정한다.

실 끝에 매듭을 짓고 원단의 안쪽에서 바늘을 빼. 한 땀씩 건너뛰면서 손잡이를 꿰맨다.

반대쪽까지 꿰맨 모습. 한 땀씩 실을 단단하게 당기면서 꿰매간다.

②에서 비워둔 부분을 채우 듯 바느질을 하면서 바느질을 시작했던 부분으로 다시 돌아간다.

안쪽의 안 보이는 곳에 매듭을 짓고 실을 당겨 손잡이 속에 숨긴다.

### 여기서 잠깐

여기서는 손잡이를 손으로 꿰매는 일반적인 방법을 소개한다. 실제로 제작할 때에는 설명서를 확인하고 사용하는 원단의 소재나 두께에 맞는 방법으로 달자.

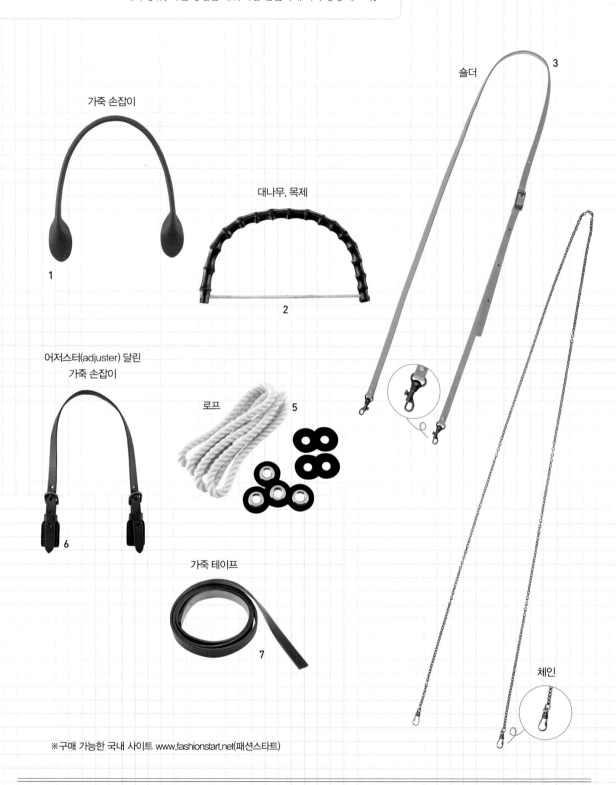

## 손잡이의 종류

시중에서 판매되고 있는 손잡이를 잘 활용하면 좀 더 완성도 있는 가방을 만들 수 있다.
소재나 종류, 다는 방법을 배워 작품 만들기에 적극 응용해보자!

가죽 손잡이

1

대나무, 목제

2

솔더

3

어저스터(adjuster) 달린
가죽 손잡이

6

로프

5

가죽 테이프

7

체인

※구매 가능한 국내 사이트 www.fashionstart.net(패션스타트)

1 가죽이나 합피 등 소재나 디자인 길이도 여러 가지. 가방에 손으로 꿰맬 수 있도록 구멍이 뚫려 있는 것이 일반적. 2 대나무, 등나무, 목제 손잡이는 그래니 타입의 가방에 많이 사용된다. 입구천으로 감싸서 손바느질 또는 미싱으로 단다. 3 양끝에 연결고리가 달려 있는 숄더 타입 손잡이. 본체에 D링 등의 쇠를 달면 탈부착이 가능하다. 벨트 타입이면 길이도 조절할 수 있다. 4 금속제 숄더. 포멀부터 캐주얼까지 디자인도 여러 가지. 쇠에 달아서 사용하거나 고리를 달면 패브릭 소재의 가방에도 사용할 수 있다. 5 손바느질로 꿰맬 수 있는 가죽 느낌의 아일릿과 로프 세트. 아일릿은 가방에 구멍을 뚫어서 마사 등의 튼튼한 실로 단단하게 꿰맨다. 로프 끝은 아일릿에서 빠지지 않게 단단히 묶는다. 6 어저스터가 달려 있어 손잡이 길이를 조절할 수 있다. 7 원하는 길이로 잘라서 사용할 수 있는 테이프 타입의 손잡이

## 손잡이를 달 때 갖춰야 할 재료

가죽 손잡이는 손바느질로 다는 일이 많아서 튼튼하게 완성하기 위해서라도 전용 바늘과 실을 사용한다.

**손바느질용 실**
한 땀씩 당기면서 꿰매기 때문에 손잡이용 실로는 튼튼하고 쉽게 끊어지지 않은 굵은 실이 적당하다.

**가죽용 바늘**
실에 맞춰서 바늘도 가죽 전용 바늘을 사용. 바늘 끝이 삼각 모양으로 되어 있어서 가죽을 통과하기도 수월하다.

# 비즈니스백

빈티지한 플라워프린트 원단에 가죽 손잡이를
포인트로 준 클래식하고 우아한 디자인.
A4 사이즈가 충분히 들어가는 크기라 다양한
용도로 사용할 수 있다.

길이 조절이 가능한 손잡이. 손잡이와 지퍼를 같은 색으로 맞추어
더욱 클래식한 분위기로 완성.

안감에 초콜릿브라운의 리넨을 조합했다.
안주머니까지 달아주니 더욱 실용적이다.

inside pocket

**20**

HOW TO MAKE 137쪽

# 스퀘어 마르쉐백

패턴 없이 직사각형 원단을 이어서 만드는 마르쉐백.
쇼핑은 물론, 소풍이나 여행 등 어디든 가져갈 수 있는
실용적인 가방이다. 그레이 느낌의 베이지색 캔버스와
블루 스트라이프무늬 원단의 조합도 신선하고 경쾌하다.

**21**

HOW TO MAKE 140쪽

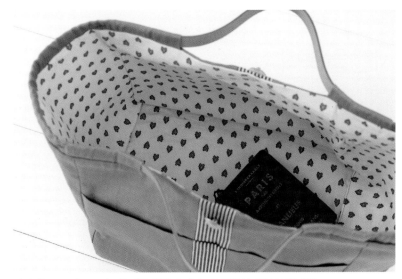

안감에는 프로방스 프린트를 사용. 얇은 소재이므로 접착심지를 붙여서 사용.

front pocket

십자 스티치로 벨트심지를 고정.
스트라이프무늬 원단 대신에 테이프
를 달아 완성해도 좋다.

# 메시핸들 북백

가방의 옆천과 바닥 그리고 주머니에
개성 넘치는 트위스트무늬의 패브릭을 덧댄 토트백.
머스타드 옐로우 색상 리넨과의 조합이 경쾌하다.
가죽소재의 메시 손잡이로 안정감 있는 분위기로 완성.

**22**
HOW TO MAKE 143쪽

**좌)** 손잡이는 리넨테이프를 사용하여 몸판에 고
    정.
**우)** 가방의 옆천과 바닥은 이어져 있다. 컬러 리넨
    에 개성적인 무늬를 조합해 어른스러운 캐주얼로
    완성.

# 둥근바닥
# 토트백

입구에 장식한 프릴이 사랑스러운
토트백. 싱그러운 그린 리넨에 나
비 모티브의 자수를 수놓고 안감에
는 귀여운 꽃무늬를 조합한 어른스
러우면서도 귀여운 디자인이다.

## 23

HOW TO MAKE 50~53, 146쪽

# 둥근바닥 토트백

안감에 접착심지를 붙여서 포동포동하게 완성한 토트백. 가방은 완성한 후에는 자수를 놓기 어려우므로 먼저 원단에 자수를 놓고 재단한다.

**완성 사이즈 : 바닥직경23×높이33cm(손잡이 제외)** ※( ) 안의 숫자는 시접, 지정 이외 시접은 1cm

**실물크기패턴 A면[H]**
※재단배치도와 자수도안은 127쪽을 참조

**재료**
그린 리넨(겉감,프릴용) 100×60cm, 꽃무늬 코튼 · 접착심지 각 100×35cm, 스트라이프무늬 리넨(안주머니용) 19×28cm, 스트라이프무늬 리넨(프릴용) 45×50cm, 1cm폭 레이스 20cm, 0.3cm폭 스웨드끈 80cm, 가죽용 손바느질 실, 손잡이 1쌍(47.5cm), 라이트 그레이 자수실.

단위=cm
※이해하기 쉽도록 눈에 띄는 색의 실을 사용하였다. 실제로 봉합할 때는 원단 색에 맞는 실을 사용하도록 한다.

## 안주머니를 만든다

①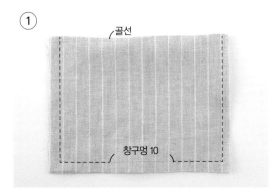

골선

창구멍 10

주머니용 천을 겉끼리 맞닿게 반으로 접은 후, 창구멍을 10cm 남기고 옆선과 바닥을 봉합한다.

②

모서리의 시접을 솔기 가장자리에서 자른다. 이때 바느질한 부분을 자르지 않게 조심한다.

③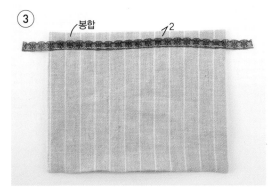

봉합

겉으로 뒤집어 시접을 정리한 후, 윗부분에 레이스를 꿰매 붙인다. 밖으로 빠져나온 레이스는 자르지 말고 그대로 남겨둔다.

## 겉과 안의 몸판을 만든다

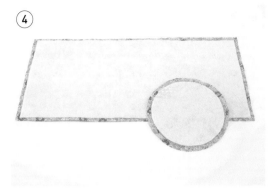

④

접착심지는 시접 없이 재단하여 안감 안에 다림질로 접
착한다. 반드시 원단 쪽에서 다림질한다.

⑤

127쪽의 재단배치도를 참조하여 안주머니를 다는 위치
에 안주머니를 붙인다. 남겨둔 위의 ③레이스의 끝부분
도 함께 안으로 접어 넣고 봉합한다.

⑥

창구멍 20

안감을 겉끼리 맞닿게 반으로 접은 후, 창구멍을 20cm
남기고 옆선을 봉합한다.

⑦

안몸판(안)

바닥 안감(안)

안몸판과 바닥의 안감을 겉끼리 맞대어 봉합한다. 이때
맞춤점끼리 맞춰 시침핀을 꽂아 시침질을 하고 나서 봉
합하면 깔끔하게 마무리할 수 있다.

겉몸판에 자수실 2줄로 자수를 놓고, 안몸판과 같은 방
법으로 바닥과 연결한다.

⑧

겉몸판(안)

바닥 겉감(안)

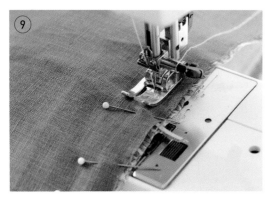

겉몸판과 안몸판을 입구 겉끼리 맞대어 중앙에 스웨이드 끈(40cm)을 끼워서 입구를 봉합한다. 이때 안몸판을 약 0.2cm 당겨서 박는 것이 포인트.

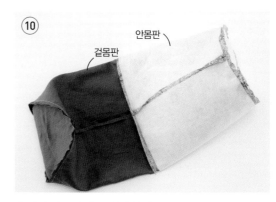

⑨에서 겉몸판 안에 넣었던 안몸판을 사진처럼 빼낸 후, 겉으로 뒤집는다.

겉으로 뒤집은 모습. 시접을 정리하고 창구멍을 공그르기로 막은 후, 겉몸판 안에 안몸판을 밀어 넣고 형태를 정돈한다.

## 프릴과 손잡이를 단다

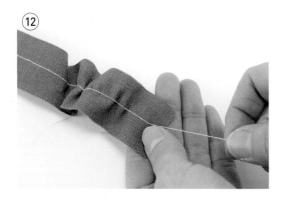

3cm폭×60cm로 재단한 바이어스 천을 2장 준비하여 중앙에 큰 땀으로 주름잡기 봉합을 하고, 실을 당겨서 개더를 잡는다.

⑫의 윗실을 당겨서 약 38cm의 프릴을 2개 만든다. 한 쪽의 실을 묶어서 개더를 잡으면 길이 조절이 편하다.

프릴과 입구 윗부분을 맞춘다. 프릴의 연결선이 손잡이로 가려지는 위치에 끝부분을 겹쳐서 손으로 감침질한다.

41쪽을 참조하여 손바느질실로 손잡이를 꿰매붙인다. 한 땀씩 건너뛰며 한 방향으로 꿰매고 역방향으로 돌아가면 서 비워둔 부분을 마저 꿰맨다.

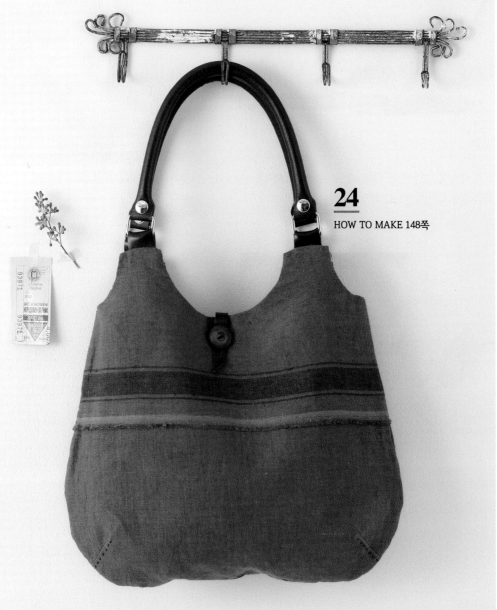

**24**

HOW TO MAKE 148쪽

# 리버시블백

버튼으로 탈부착이 가능한 손잡이를 단 가방으로 뒤집어서도
사용할 수 있는 리버시블 타입으로 완성했다.
겉감은 라인이 들어간 리투아니아 리넨을, 안감은 리버티프린
트를 사용해 서로 다른 분위기로 즐길 수 있다.

other side

바닥에 다트를 잡아서 입체적인 실루엣으로. 오늘 입을 옷에 맞춰서 코디를 즐겨보자.

**좌)** 가죽테이프를 사용해 손잡이를 달 수 있는 사각링을 가방에 고정한다.

**우)** 폭이 좁은 가죽테이프 가운데에 가위집을 넣어 단추용 탭으로, 겉·안감에 다른 단추를 달면 서로 다른 분위기로 즐길 수 있다.

# 리본 포쉐트백

풍성한 꽃무늬의 리버티프린트 원단을 사용하여 만든
귀여운 포쉐트백.
앞면에 부착한 커다란 리본이 포인트.
체인 숄더를 조합해 더욱 섬세한 느낌으로 완성.

## 25
HOW TO MAKE 151쪽

D링과 연결한 리본을 가방 양쪽에 끼운다. 리본을 묶으면 숄더의 길이 조절이 가능하다.

리버티프린트 중에서도 인기가 높은 벳시프린트를 사용. 얇은 소재이므로 안쪽에 접착심지를 붙여서 튼튼하게 만든다.

inside pocket

장 지갑이 쏙 들어가는 사이즈. 안주머니도 있어서 실용적이다.

# 미니파우치
# &숄더백

차분한 플라워프린트 캔버스원단에 가죽 어깨끈을 조합.
두껍고 튼튼한 소재를 살리고,
주머니를 많이 달아서 실용적인 디자인으로 완성!

**26**
HOW TO MAKE 154쪽

세트인 납작한 파우치와 연결고리가 달린 체인으로 숄더백과 서로 탈부착할 수 있다.

칸이 나뉘어 있는 겉주머니는 손수건이나 수첩, 교통카드 케이스 등 자주 꺼내는 물건을 넣으면 편리하다.

안쪽에도 칸을 나눈 주머니가 있다. 가방에는 원터치로 열고 닫을 수 있는 자석 단추를 달았다. 어깨끈은 길이 조절이 가능하다.

**27**

HOW TO MAKE 157쪽

# 레이스 그래니백

리투아니아 리넨데님과 레이스의 조합이 인상적인 그래니백.
턱을 풍성하게 잡아서 바닥 폭을 양옆으로 봉합하여
봉긋하고 통통한 실루엣으로.
레이스는 가장자리 모양대로 잘라서 디자인으로 살렸다.

레이스는 손바느질로 꿰맨다. 앞면과 뒷면을 조금 어긋나게 붙이면
앞뒤로 들 때마다 서로 다른 분위기로 즐길 수 있다.

front
close-up

메탈릭 소재의 보석 참을 조합.
브로치도 달아서 멋지게.

**28**

HOW TO MAKE 64–67쪽

**29**

HOW TO MAKE 160쪽

배색 파우치

배색 그래니백

# 배색 그래니백
# &배색 파우치

등나무 손잡이를 복고풍 분위기를 내는 그래니백.
옆면과 바닥, 입구천에 컬러리넨을 이어붙여
동그란 실루엣으로 완성했다.
커플을 이룬 파우치에는 열고 닫기 편한 바네를 사용.

좌) 살짝 보이는 안감에는 작은 무늬의 프린트코튼을 선택
우) 목제 손잡이를 자수실로 꿰매서 소박하고 내추럴한 분위기로 연출.

## 30

HOW TO MAKE 162쪽

# 우드핸들 에그백

울이나 니트 등 따뜻한 소재를 패치워크한
달걀 모양 실루엣의 평평한 가방.
숲이 연상되는 디자인으로 산책길에
잘 어울린다.
목제 손잡이를 사용해 따뜻한 느낌을 더했다.

# 배색 그래니백

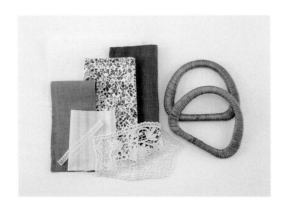

등나무 손잡이와 통통한 실루엣이 인상적인 배색 그래니백.
여기서는 입구천으로 손잡이를 감싸고 손으로 감침질해서 완성하는 방법을 소개한다.

**완성 사이즈 : 폭40×높이25.5×바닥폭7.8cm(손잡이 제외)** ※( ) 안의 숫자는 시접. 지정 이외 시접은 1cm

실물크기패턴 A면[J]

**재료**
프린트무늬 코튼 · 접착심지 각 105×25cm, 연두 리넨 80×
25cm, 리넨데님 85×35cm, 스트라이프무늬 코튼 60×15cm,
1cm폭 레이스 20cm, 등나무 손잡이 1쌍, 모티프레이스 · 오프화이
트 자수실

## 원단을 재단한다

① <겉감>

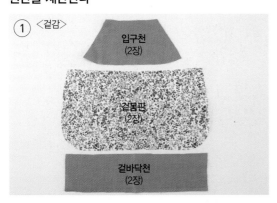

<안감>

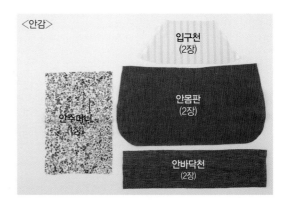

각 파트에 시접을 1cm씩 잡아서 자른다. 무늬의 방향이 맞는지, 필요한 매수가 갖춰졌는지 확실히 체크해둔다.

## 접착심지를 붙인다

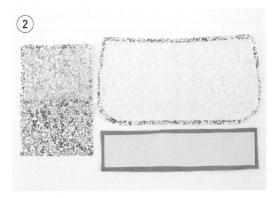

접착심지를 시접 없이 자르고, 겉감 안쪽에 붙인다(겉몸판 2장, 겉바닥천 2장, 안주머니). 안주머니는 절반만 붙인다.

안주머니 입구에 레이스를 붙인 다음 안몸판에 주머니를 붙인다. 레이스는 좌우를 길게 남기고 주머니의 시접과 함께 안으로 접어서 넣고 봉합한다(50쪽 참조).

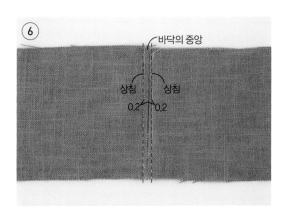

## 안주머니를 단다

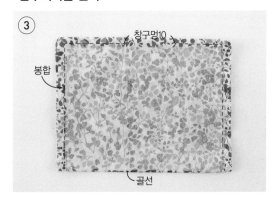

안주머니를 겉끼리 맞닿게 반으로 접어 창구멍 10cm만 남기고 둘레를 봉합한다. 겉으로 뒤집어 형태를 정리한다. 창구멍은 아직 막지 않아도 OK.

## 겉과 안의 몸판을 만든다

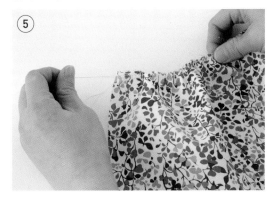

겉몸판 완성선의 위아래에 큰땀으로 주름잡기 봉제를 하고 양쪽에서 실을 당겨 26cm 폭으로 개더를 잡는다. 안몸판도 같은 방법으로 개더를 잡는다.

겉바닥천 겉감을 겉끼리 맞대어 봉합한 후 시접을 가른다. 그리고 겉쪽에서 솔기 양옆을 상침.

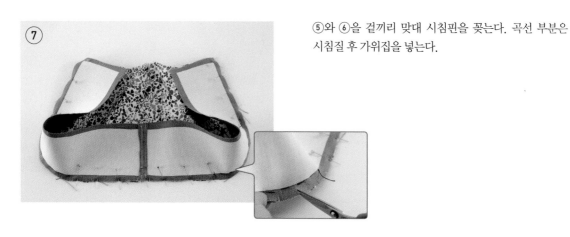

⑤와 ⑥을 겉끼리 맞대 시침핀을 꽂는다. 곡선 부분은 시침질 후 가위집을 넣는다.

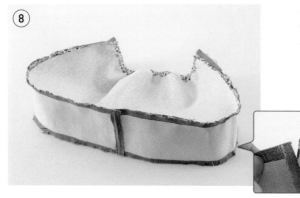

겉몸판과 겉바닥천을 봉합한다. 입구는 완성선까지만 봉합하고, 시접은 손가락으로 눌러서 가른다. 안몸판도 동일하게 만든다.

## 입구천을 만들고, 손잡이를 단다

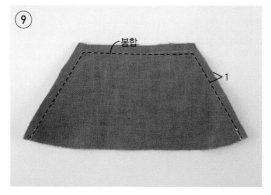

입구천의 겉감과 안감을 겉끼리 맞대어 윗부분과 양 옆선을 이어서 봉합한다. 같은 방법으로 한 개 더 만든다.

⑨를 겉으로 뒤집어 시접을 정리하고, 한쪽에 모티프레이스를 꿰매 붙인다.

겉몸판과 안몸판을 안끼리 마주대고 입구의 시접은 각각 안쪽으로 접는다. 바닥천 윗부분에 자수실 2줄로 러닝스티치를 한다.

입구천의 겉감과 겉몸판을 겉끼리 맞대고 3장 함께 시침핀을 꽂아서 고정한 후 봉합한다.

입구천의 안감을 완성선에 맞춰서 접고, ⑫의 봉제선이 보이지 않도록 감추면서 몸판의 안감에 감침질을 한다.

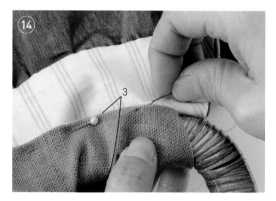

입구천으로 손잡이를 감싸 감침질한다. 시작과 끝은 튼튼하게 박음질한다.

**31**

HOW TO MAKE 165쪽

# 플랩 마르쉐백

북유럽 스타일의 화려한 플라워프린트가
인상적인 마르쉐백.
손잡이에 로프와 아일릿을 사용하여
내추럴한 분위기로 완성했다.

가방을 열고 닫을 때마다 색이 다른 안감
이 살짝 보이는 것이 포인트. 플랩에는 자
석 단추를 달아 가방이 벌어지지 않게 했
다.

개더 틈으로 살짝 엿보이는 안감의 무
늬에도 신경을 썼다. 서로 다른 느낌의
두 가지 원단을 써서 가방을 뒤집으면
또 다른 느낌으로 사용할 수 있다.

# 서큘러백

원형의 원단을 하나의 손잡이로
당겨서 여러 모양으로 즐기는 서큘러 백.
당기는 방법을 바꾸면 세상에 오직 하나뿐인
나만의 가방이 된다.

**32**
HOW TO MAKE 168쪽

Bag & Pouch

Part3 프레임

## 프레임을 고정할 때 필요한 도구

프레임을 달 때에 필요한 도구들을 먼저 갖춰두자.

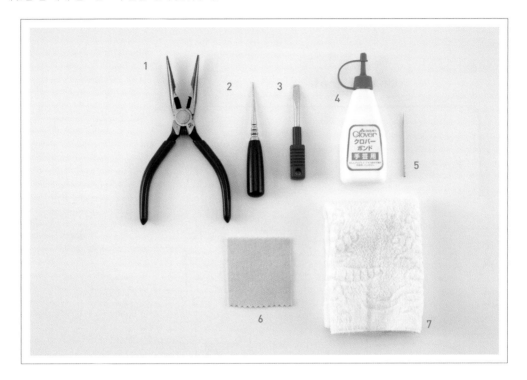

### 1 펜치

프레임 끝을 조일 때 사용한다. 프레임에 상처가 나지 않도록 천을 덧대고 작업한다.

### 2 송곳

프레임에 본체를 끼워 넣을 때 있으면 편리하다. 개더 조절 등 섬세한 작업에 사용한다.

### 3 일자 드라이버

프레임 틈에 입구나 종이끈을 끼워 넣을 때 사용한다. 프레임에 맞는 사이즈를 준비한다.

### 4 수예용 본드

홈에 발라서 원단을 고정할 때 사용한다. 노즐이 가는 것이 작업하기 편하다.

### 5 이쑤시개

이쑤시개를 사용하면 프레임 틈에 본드를 골고루 바를 수 있어 편리하다.

### 6 덧대는 천

프레임 끝을 펜치로 조일 때 상처가 나지 않도록 보호한다.

### 7 젖은 행주

프레임 밖으로 흘러나온 본드를 닦을 때 사용. 본드가 완전히 말라버리기 전에 빨리 닦아준다.

### 프레임 전용 끼는 기구

프레임에 몸판과 종이끈을 수월하게 끼워 넣기 위한 전용도구다. 프레임에 흠집이 생기지 않는 구조다.

## 프레임의 종류

프레임에는 바네, 와이어 등 여러 가지 종류가 있다.
본드로 붙이는 타입과 꿰매는 타입이 있는데,
이 책에서는 본드로 붙이는 타입만 소개한다.

프레임

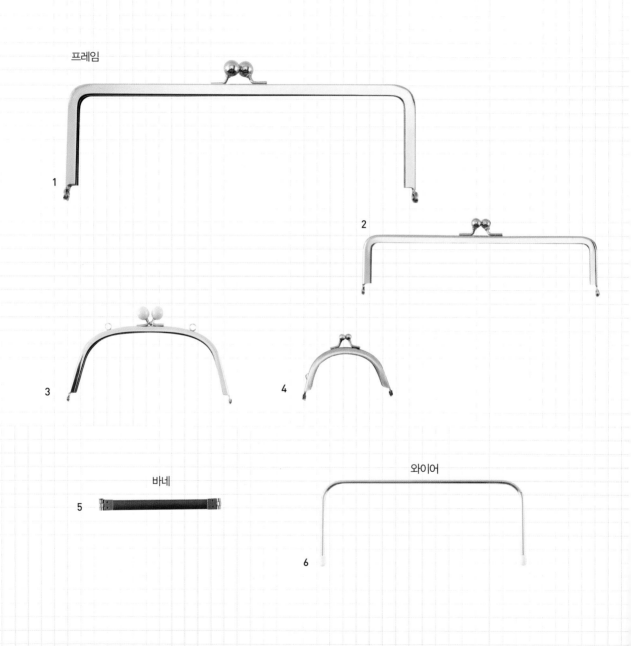

1

2

3

4

바네

5

와이어

6

※구매 가능한 국내 사이트 www.fashionstart.net(패션스타트)

1,2 사각이고 모든 부분이 금속으로 된 타입 3 원형이나 돔형이라고 부르는 프레임. 꼭지 부분은 플라스틱 등으로 되어 있고, 일부 교환이 가능한 것도 판매된다. 사진처럼 꼭지 양쪽에 손잡이를 달 수 있게 고리가 있는 타입도 있다. 4 모두 금속으로 된 원형 프레임. 사진과 같이 한쪽에 장식을 달 수 있게 고리가 있는 것도 있다. 5 바네란 양쪽을 가볍게 손으로 누르면 이중으로 된 띠 모양의 금속 부분이 넓어지면서 개폐하는 형태의 물림쇠를 말한다. 폭이나 길이 쇠의 색 등 종류도 여러 가지. 6 ㄷ자형 와이어를 말하고 2개가 한 세트로 판매된다. 입구천에 통과시키면 입구 둘레를 입체적으로 만들 수 있다.

## 프레임 각 부분의 명칭

프레임의 각 부분의 명칭을 알아두면 제작할 때 작업이 좀 더 수월해진다.
사이즈를 재는 법도 알아두자.

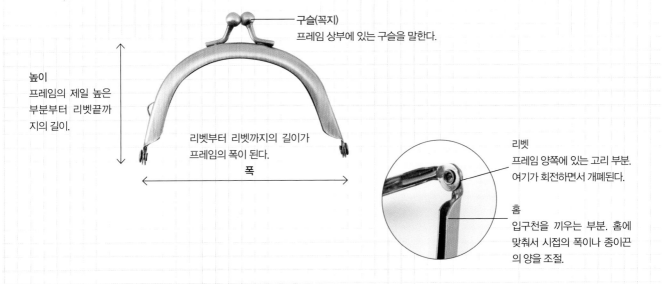

구슬(꼭지)
프레임 상부에 있는 구슬을 말한다.

높이
프레임의 제일 높은
부분부터 리벳끝까
지의 길이.

리벳부터 리벳까지의 길이가
프레임의 폭이 된다.
폭

리벳
프레임 양쪽에 있는 고리 부분.
여기가 회전하면서 개폐된다.

홈
입구천을 끼우는 부분. 홈에
맞춰서 시접의 폭이나 종이끈
의 양을 조절.

## 33

HOW TO MAKE 170쪽

# 프레임 숄더백

큰 프레임을 활용한 긴 숄더백.
앞쪽에 주머니가 달린 실용적이고 깔끔한 디자인.
원단의 무늬를 잘 활용하면 완성도가 높아진다.

칸이 나누어져 있는 안주머니에는
손수건이나 립스틱을 넣을 수 있어서
별도의 파우치가 없어도 안심.

화장품 등 작은 물건들을 수납할 수 있도록 파우치
안감의 양쪽 면에 안주머니를 달았다.

# 프레임 파우치

크기에 비해 수납력이 좋은 프레임 파우치.
클러치 백이나 통장 케이스 등으로
다양하게 활용할 수 있다.
겉감에 접착심지를 붙여서
튼튼하게 완성하는 것이 포인트.

## 34

HOW TO MAKE 76-81쪽

# 프레임 파우치

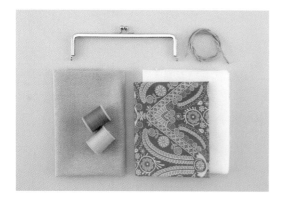

본체의 앞면과 뒷면을 1장의 원단으로 재단하기 때문에 무늬의 방향을 꼭 확인해야 한다. 종이끈의 분량은 프레임의 홈이나 원단 두께에 맞춰서 조절한다. 입구 부분을 다림질하여 정돈해두면 수월하게 달 수 있다.

**완성 사이즈 : 폭22×높이13×바닥폭3cm(구슬 제외)** ※( ) 안의 숫자는 시접, 지정 이외 시접은 1cm

실물크기패턴 A면[J]

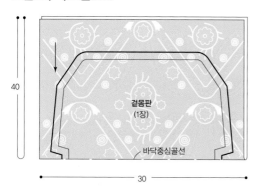

**재료**
프린트무늬 코튼 · 접착심지 각 30×40cm, 베이지 코튼리넨 50×40cm, 사각프레임 18×4.5cm 1개, 종이끈

단위=cm
※이해하기 쉽도록 일부러 눈에 띄는 색깔의 실을 사용하고 있다.
  독자들이 실제로 작업할 때는 원단의 색상에 어울리는 실을 사용하자.

## 재단배치도

### 프린트무늬 코튼(겉감)

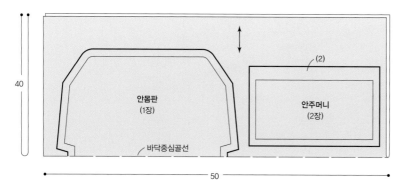

※겉감에 접착심지를 붙인다

겉몸판
(1장)

바닥중심골선

40

30

### 베이지 코튼리넨(안감)

(2)

안몸판
(1장)

안주머니
(2장)

바닥중심골선

40

50

## 파우치의 겉몸판을 만든다

겉몸판 안쪽에 접착심지를 붙인다. 원단 중심에서 바깥쪽으로 다림질을 한다.

①을 겉끼리 맞닿게 반으로 접어 양 옆선을 봉합끝점 위치까지 봉합한다.

옆선의 시접을 가름솔한 다음, 솔기와 바닥중심을 맞춰서 시침핀으로 고정하고 바닥옆선을 봉합한다.

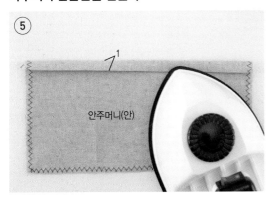

반대쪽 바닥옆선도 같은 방법으로 봉합한다.

## 파우치의 안몸판을 만든다

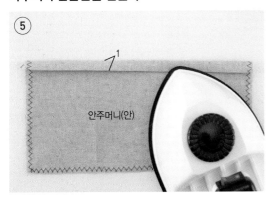

안주머니 입구를 제외한 3변에 지그재그봉제 또는 오버록처리를 하고, 입구를 1cm로 두 번 접어서 다린다.

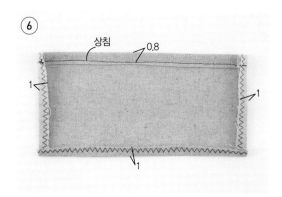

안주머니 입구 끝에서 0.8cm 안쪽을 상침하고, 옆선과
바닥의 시접을 접는다. 같은 방법으로 하나 더 만든다.

안몸판을 안끼리 맞닿게 반으로 접고, 바닥중심에서
2.5cm 위에 안주머니 다는 위치를 표시한다.

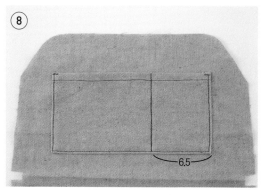

안몸판에 안주머니를 붙인다. 1장만 오른쪽 끝에서
6.5cm 위치에 칸막이용 상침을 한다.

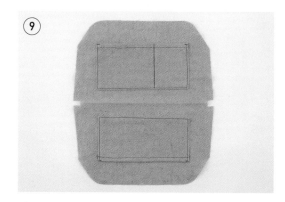

안주머니가 달린 상태.

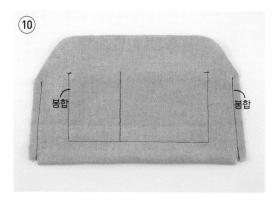

⑨를 겉끼리 맞닿게 반으로 접어 겉몸판과 같은 방법
으로 옆선을 봉합 끝점까지 봉합한다.

겉몸판과 같은 방법으로 바닥옆선을 봉합.

## 겉몸판과 안몸판을 연결한다

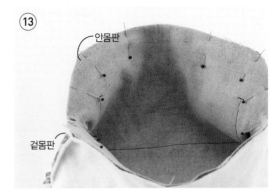

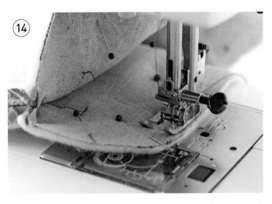

몸판 반대쪽 바닥옆선도 동일하게 봉합.

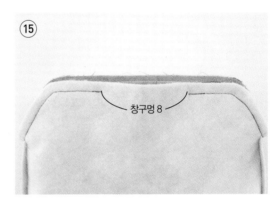

안몸판을 겉으로 뒤집어 겉몸판과 겉끼리 서로 맞닿게 겹친다. 옆선 솔기를 잘 맞춰서 입구 둘레에 시침핀을 꽂는다.

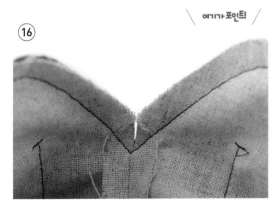

창구멍을 8cm를 남기고 입구를 한 바퀴 봉합한다. 이때 안몸판 쪽에서 봉합하면 편하다.

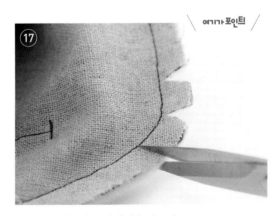

창구멍 8

몸판 입구를 봉합한 상태.

여기가 포인트

옆선 부분은 V자로 봉합.

여기가 포인트

곡선 부분에 V자로 가위집을 넣는다.

창구멍을 통해 겉으로 뒤집는다.

시접을 정리하고 입구 둘레를 다림질한다.

## 프레임을 단다

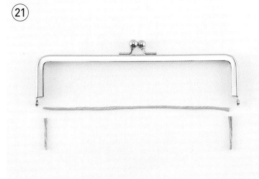

창구멍의 시접을 안쪽으로 접어 넣고, 입구 둘레를 상침한다.

프레임의 안쪽 길이에 맞춰 종이끈을 자른다.

여기가 포인트

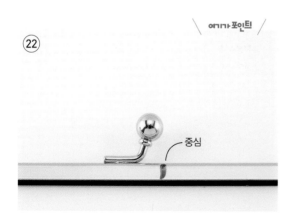

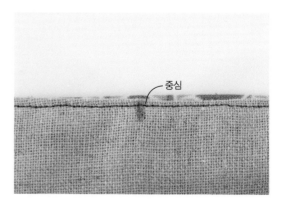

프레임 안쪽과 몸판 중심에 각각 맞춤점을 표시한다.
프레임에 한 표시는 마지막에 네일리무버 등으로 지운다.

종이끈을 펼쳐서 반으로 자르고 다시 꼰다. 종이끈을 원단 두께에 맞춰서 조절한다.

프레임 홈에 수예용 본드를 바르는데, 이쑤시개로 전체에 골고루 펴바른다.

본드가 약간 마를 때까지 기다린 후, 송곳으로 프레임 홈에 몸판을 조금씩 끼워 넣는다.

일자 드라이버를 사용해 중심에서 바깥쪽으로 종이끈을 조끔씩 밀어 넣는다.

리벳과 옆선 솔기를 맞춰보고 좌우 대칭으로 열리는지 확인한다.

여기가 **포인트**

본드가 완벽하게 마르면 덧대는 천을 겹쳐 프레임 옆을 펜치로 꽉 조여준다.

# 동전지갑

동글동글한 모양이 사랑스러운 손바닥 만한 동전지갑.
동전이나 사탕, 머리핀 같은 작은 물건을 넣기에
좋은 사이즈. 자수와 티롤리안 테이프로
포인트를 주었다.

겉감은 캔버스원단과 리넨을 4장 연결했다. 먼저 십자수를
놓고 나서 재단하면 자수를 균형 있게 배치할 수 있다.

## 35

HOW TO MAKE 173쪽

어깨에 멜 수 있는 길이의 손잡이.
D링은 테이프에 통과시켜서 프레임에 고정한다.

# 빅사이즈 프레임 숄더백
# & 스트랩 프레임 파우치

큰 사이즈의 프레임이 인상적인 프레임 숄더백과
함께 세트를 이루는 스트랩이 달린 프레임 파우치.
D링에는 교통카드 케이스나 열쇠를 달아준다.
프레임의 구슬은 바꿀 수 있으니 손잡이와의
다양한 컬러 조합을 즐겨보자.

**36**
HOW TO MAKE 176쪽

**37**
HOW TO MAKE 176쪽

바닥은 타원형. 개더를 풍성하게 잡았기 때문에 보기보다 수납공간이 넉넉하다.

**38**

HOW TO MAKE 179쪽

# 바네 파우치

프로방스프린트와 블루 리넨의 조합이 시원한 바네 파우치.
원터치로 개폐할 수 있어서 액세서리를 수납하는 데 안성맞춤.
턱을 잡아서 넉넉한 실루엣으로 완성.

입구가 크게 열리기 때문에 물건을 넣고 꺼내기
편하다. 소잉케이스나 화장품 파우치 등으로 폭
넓게 활용할 수 있다.

# 와이어 파우치

주목을 받고 있는 와이어 파우치. 입구 둘레에 통
과시키기만 하면 입체적이고 독특한 모양으로 완
성된다. 블루 도트무늬와 레몬옐로우의 조합이
산뜻하고 귀엽다.

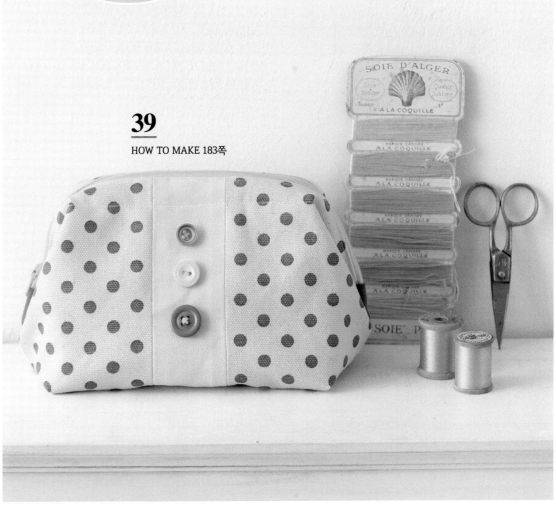

**39**

HOW TO MAKE 183쪽

# 가방과 파우치 만들기의 기초 지식

가방과 파우치를 만들기 전에 알아두어야 할 소잉의 기초 지식. 갖춰야 할 도구부터 프레임 다는 법까지 궁금한 내용을 모두 담았다.

## 꼭 갖춰야 할 도구

소잉을 시작할 때 먼저 갖춰야 할 기초 도구를 소개한다.

### 미싱용 실 & 손바느질용 실
미싱용, 손바느질용, 시침질용 등등 실에도 여러 가지 종류가 있다. 용도에 맞게 사용하면 더욱 깔끔하게 완성할 수 있다.

### 미싱용 바늘
원단 두께에 적당한 굵기의 미싱용 바늘을 사용한다. 리넨이나 코튼 등의 보통 두께의 원단에는 11번, 캔버스원단 등의 두께감이 있는 원단에는 14번이 적당하다.

### 손바느질용 바늘
손바느질용 바늘. 숫자가 작아질 수록 바늘이 굵어진다. 길이도 여러 가지라서 용도에 맞게 바느질하기 편한 것을 선택한다.

### 시침핀
2장 이상의 원단을 봉합할 때 서로 어긋나지 않도록 시침질을 해두기 위해서 사용한다. 가는 바늘을 선택하면 사용하기 편하다.

### 자
도안을 베끼거나 원단에 직선을 그을 때 사용한다. 방안이 있는 것이 사용하기 편하고 시접선을 그을 때도 편리하다.

* 기타 미싱, 다리미, 다리미판 등 필요에 따라 준비하자.
※구매 가능한 국내 사이트 www.fashionstart.net(패션스타트)

**재단가위**
원단을 자를 때 사용하는 가위. 종이 등 원단 이외의 것을 자르면 날이 무뎌지므로 조심해서 다룬다.

**쪽가위**
실을 자를 때 사용하는 가위. 끝이 날카로운 것이 작업하기 편하다. 자수실용 등 종류도 여러 가지.

**실뜯개**
U자 모양이 된 날을 땀에 꽂아 넣어서 봉제가 잘못된 부분의 실을 제거할 때 사용한다. 단추구멍을 만들 때도 갖고 있으면 편하다.

**송곳**
원단에 구멍을 뚫거나 끝을 사용하여 시접 모서리를 정돈할 때 있으면 편리하다. 미싱할 때 원단을 보낼 때도 사용한다.

**초크펜**
원단에 표시를 할 때 사용한다. 물로 지워지는 것이나 시간이 지나면 지워지는 것 등 여러 종류가 있다.

## 원단, 바늘, 실에 대해서

**미싱용 실과 바늘**     깔끔한 바늘땀으로 봉제하려면 실과 바늘은 적절한 것을 선택하자.

**미싱용 실**
미싱으로 박는 데 적당한 실. 원단의 종류나 두께에 맞게 소재나 실 굵기를 구별한다. 라벨에 인쇄된 번호는 실의 굵기를 나타내며 숫자가 작아질수록 굵어진다. 오른쪽에서 30번, 60번, 90번.

**미싱용 바늘**
소재나 원단 두께에 따라 사용하는 바늘을 구별한다. 숫자가 작아질수록 바늘이 가늘어진다. 왼쪽부터 9번, 11번, 14번, 16번.

# 원단, 바늘, 실에 대해서

## ■ 원단

가장 흔하게 사용되는 것은 평직의 원단이다. 올의 방향이나 명칭을 알아두자.

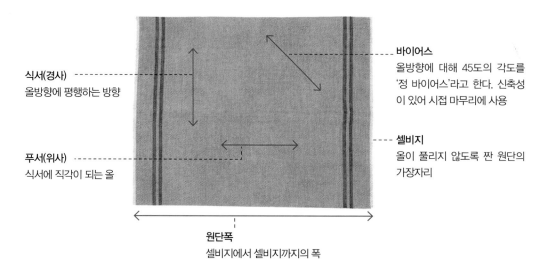

**식서(경사)**
올방향에 평행하는 방향

**푸서(위사)**
식서에 직각이 되는 올

**바이어스**
올방향에 대해 45도의 각도를 '정 바이어스'라고 한다. 신축성이 있어 시접 마무리에 사용

**셀비지**
올이 풀리지 않도록 짠 원단의 가장자리

**원단폭**
셀비지에서 셀비지까지의 폭

## ■ 바늘, 실, 원단의 관계

'땀이 잘 안 맞는다', '깔끔하게 박히지 않는다' 등 만약 이런 경우라면 원단과 바늘과 실을 확인한다. 사용하는 원단에 맞게 바늘과 실을 선택하자.

| 원단 | 미싱용 바늘 | 미싱용 실 |
| --- | --- | --- |
| 얇은 원단(거즈, 론 등) | 7번, 9번 | 90번, 60번 |
| 보통 두께 원단(코튼, 리넨 등) | 9번, 11번 | 60번 |
| 두꺼운 원단 (캔버스, 데님 등) | 11번, 14번 | 60번, 30번 |

## ■ 실의 장력

실의 장력이 맞지 않으면 원단이 당겨지거나 바늘땀이 느슨해져 깔끔하게 완성할 수 없다. 윗실과 밑실이 균등하게 맞당겨지지 않을 때에는 실의 장력을 조절하자.

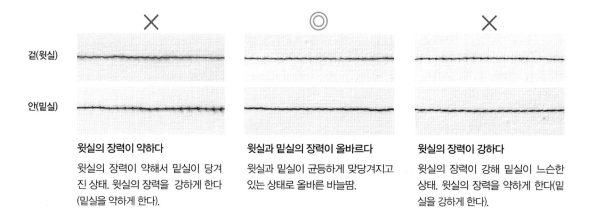

**겉(윗실)**

**안(밑실)**

**윗실의 장력이 약하다**
윗실의 장력이 약해서 밑실이 당겨진 상태. 윗실의 장력을 강하게 한다(밑실을 약하게 한다).

**윗실과 밑실의 장력이 올바르다**
윗실과 밑실이 균등하게 맞당겨지고 있는 상태로 올바른 바늘땀.

**윗실의 장력이 강하다**
윗실의 장력이 강해 밑실이 느슨한 상태. 윗실의 장력을 약하게 한다(밑실을 강하게 한다).

## 실물크기패턴에 등장하는 선과 기호의 의미

실물크기패턴이나 만드는 법 페이지에 등장하는 기호의 의미를 설명한다. 중요한 포인트가 되므로 기억해두자.

**식서**
올의 방향을 나타내는 선. 원단을 재단할 때는 꼭 확인한다.

**맞춤점**
2장 이상의 원단을 봉합할 때 서로 어긋나하지 않도록 해두는 표시.

**단추**
단추를 다는 위치를 나타내는 표시. 패턴을 베낄 때 같이 표시해둔다.

**다트**
선끼리 맞닿게 겹쳐 V자로 봉합하여 입체적으로 하는 곳.

**완성선**
실제로 완성이 되는 선.

**골선**
좌우 대칭으로 반으로 접는 곳.

**개더**
큰땀으로 봉제한 뒤 실을 당겨서 길이를 줄이는 곳.

**접음선**
원단의 접는 위치를 나타내는 선.

## 표시하기와 재단하기

실물크기패턴을 사용하는 경우와 원단에 직접 패턴을 그려 재단하는 경우가 있다. 각각의 방법을 알아두자.

### ■ 실물크기패턴을 사용할 때

① 패턴은 트레싱지 등에 베끼고, 시접도 준다. 식서방향을 맞춰서 원단 위에 패턴을 올린다.

② 시침핀을 이용해 원단에 패턴을 고정한다.

③ 패턴을 따라 원단을 가른다. 가위를 작업대에 붙인 채 움직이면 안정적이고 깔끔하게 재단할 수 있다.

### ■ 직접 재단할 때

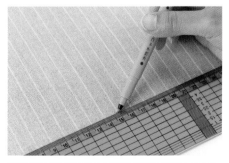

재단배치도의 사이즈를 참고해 원단에 직접 선을 긋는다. 셀비지는 올방향이 틀어진 경우도 있으므로, 지정이 없을 때는 사용하지 않는다.

## 원단 올 바로잡기

원단에 따라 신축하는 정도가 다르기 때문에 다른 소재끼리 봉합할 경우는
자칫 세탁 시에 비틀어질 수도 있다. 불안하다면 재단 전에 올을 바로잡자.

### 1  물에 담가둔다
가득한 물에 접은 원단을 1시간 정도 담가둔다.
니트 소재는 물을 뿌려 적셔준다.

### 2  그늘에서 말린다
가볍게 짜서 올방향을 정돈하고 절반 정도 마를
때까지 그늘에서 말린다. 니트 소재는 비닐봉투
에 넣고 하루 정도 둔다.

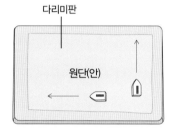

### 3  올방향을 정돈한다
올방향이 직각이 되도록 가로세로의 비스듬한 방
향으로 가볍게 당겨서 올방향을 정돈한다.

### 4  다림질을 한다
올방향을 따라 안쪽에서 다림질을 해서 원단의
올방향을 바로잡아 준다.

## 접착심지에 대해서

접착심지는 원단을 튼튼하게 만들어 깔끔하게 완성하는 역할을 한다. 사용하는 원단의 두께에 따라 알맞은 접착심지를 선택하자.

### ■ 접착심지의 종류

**직물타입**
면 소재 등 짜여진 심지의 안쪽에 접착수지가 묻어 있다. 소품에서 옷까지 폭넓게 사용한다. 원단에 맞는 두께를 선택한다.

**부직포타입**
섬유를 짜지 않은 부직포타입의 접착심지. 올방향이 없어서 방향성이 없기 때문에 가방이나 모자 등 소품 만들기에 사용하는 경우가 많다. 원단에 맞는 두께를 선택한다.

### ■ 접착심지를 붙이는 방법

원단 전체에 붙이는 경우와 시접을 제외하고 붙이는 경우가 있으니 꼭 확인한다. 원단에 접착심지를 겹쳐 원단 쪽에서 다림질을 한다. 이때 다리미를 비비지 않도록 한다.

다리미가 닿지 않아 빈틈이 생기면 접착심지가 붙지 않아 공기가 들어가서 뜨게 된다. 다리미는 틈이 생기지 않게 살짝 겹치면서 이동시키고 위에서 눌러가며 다려준다. 다 붙이고 나면 열이 식을 때까지 그대로 둔다.

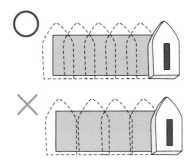

**바이어스 메이커**
바이어스천을 끼우기만 하면 바이어스 테이프가 손쉽게 만들어진다.

## 바이어스테이프를 만드는 방법

바이어스 천을 테이프 모양으로 자른 것을 바이어스테이프라고 부르는데, 주로 시접처리 등에 사용한다.

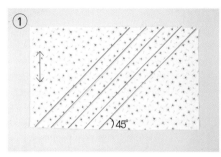

① 올방향에 대해 45도의 선을 긋고 그 선과 평행하게 선을 그어서 자른다. 테이프 폭은 사용할 크기에 맞춘다 (여기서는 3.5cm 폭으로 설명).

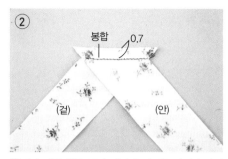

② ①에서 자른 천을 끝이 직각이 되도록 겉끼리 맞대 시접 0.7cm로 봉합한다. 필요한 길이가 될 때까지 연결한다.

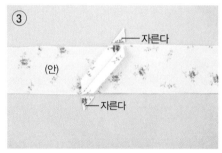

③ 시접을 가름솔하고 다려서 정리한 후, 삐져나온 시접을 자른다.

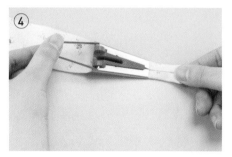

④ 천의 안을 위쪽으로 해서 바이어스 메이커에 끼워 끝을 당긴다. 3.5cm폭 바이어스테이프의 경우는 18mm용 바이어스 메이커를 사용한다.

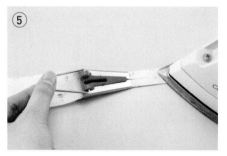

⑤ 바이어스 메이커를 잡아당기고, 접힌 상태로 나오는 원단을 다린다.

⑥ 바이어스테이프 완성. 바이어스 메이커를 사용하지 않는 경우는 바이어스 천 한쪽에 시접선을 긋고 천에 직접 봉제해도 된다.

## 금속 단추를 다는 방법

가방과 파우치 만들기에서 빼놓을 수 없는 도구가 바로 금속 단추.
여기에서는 자주 사용하는 금속 단추를 다는 방법을 소개한다.

### ■ 자석 단추

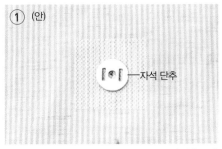

① (안)

보강용 접착심지를 붙인 후 구멍이 있는 자석 단추를 올리고, 발이 들어가는 위치에 표시를 한다.

②

①에서 표시한 위치에 가위집을 넣는다.

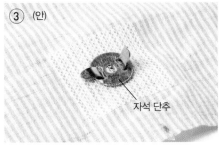

③ (안)

발을 겉에서 안으로 통과시켜서 안에서 구멍 있는 자석 단추를 덮어 집게로 발을 눕힌다.

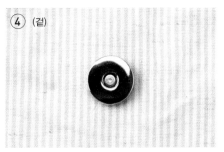

④ (겉)

수놈(凸)과 암놈(凹)이 있으므로, 달기 전에 꼭 확인한다.

### ■ 도트 단추

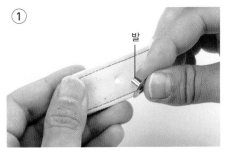

①

다는 위치에 구멍을 뚫고 겉수놈(凸)을 넣는다.

②

겉수놈(凸), 원단, 겉암놈(凹)의 순으로 겹친다.

③

위에 누름쇠를 올려서 망치로 두드린다.

④

도트 단추를 단 모습. 반대쪽도 동일하게 단다.

- 아일릿

①

구멍펀치

구멍펀치 등을 사용해서 달 위치에 구멍을 뚫는다.

②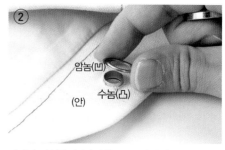

암놈(凹)

수놈(凸)

(안)

겉에서 아일릿 수놈(凸)을 꽂고 안에서 아일릿 암놈(凹) 덮는다.

③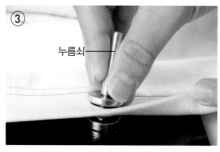

누름쇠

밑에 받침판을 넣고 누름쇠를 올려서 망치로 두드린다.

④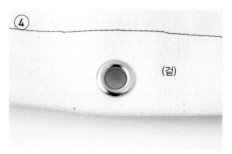

(겉)

아일릿이 움직이지 않게 꽉 단다.

- 양면징

①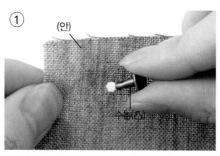

(안)

수놈(凸)

달 위치에 구멍펀치 등으로 구멍을 뚫은 후 수놈(凸)을 안으로 집어넣는다.

②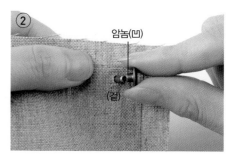

암놈(凹)

(겉)

겉에서 암놈(凹)을 끼운다.

③

누름쇠

받침판

받침판에 넣고 누름쇠를 올려서 망치로 두드린다.

④

받침판

양면징을 단 모습. 가죽 등에 달 때는 천을 댄다.

# How to Make

부록의 실물크기패턴에는 일부를 제외하고 시접이 포함되어 있지 않다.
재단배치도를 참조하여 지정된 시접을 더해 재단하자.

\*

직선으로만 이루어진 작품은 실물크기패턴이 따로 없는 것도 있다.
그런 경우 재단배치에 있는 사이즈로 시접을 주어 원단에 직접 선을 그어서 재단하면 된다.

\*

재료의 원단 사이즈는 '폭'×'길이'의 순으로 표기했다.
무늬의 방향이 있는 프린트 원단을 사용하는 경우나
무늬를 맞추는 작업이 필요할 경우는
필요한 원단의 사이즈가 달라지는 경우가 있으니 주의한다.
또 재단배치도는 최소 필요 분량을 표기했다.
따라서 실제로 제작할 때는 재료를 여유 있게 준비하자.

\*

프레임에 종이끈이 없는 경우는 별도로 준비하자.
재료에는 미싱용 실이 포함되어 있지 않다.
사용하는 원단에 어울리는 색이나 굵기의 실을 선택하자.

\*

특별한 지정이 없는 경우, 숫자의 단위는 cm다. 또한 'st.'는 스티치의 약어다.

\*

작품의 완성 사이즈는 제도상 사이즈로 표시되어 있다.
다만 원단에 두께 등에 따라 약간 바뀔 수 있다.

Bag & Pouch

# 지퍼 파우치

10쪽

**완성 사이즈**
폭21(하부13)×높이12×바닥폭8cm

**재료**
스트라이프무늬 리넨 20×46cm, 도트무늬 코튼 20×16cm, 20cm지퍼 1개, 양면접착시트 적당량

**만드는 방법**
12~17쪽을 참조하여(손잡이와 입구천은 제외), 몸판에 지퍼를 달아 파우치를 만든다. 입구에서 2cm 아래를 안쪽으로 접어 다림질을 하고 입구 둘레를 상침한다.

재단배치도

### 스트라이프무늬 리넨

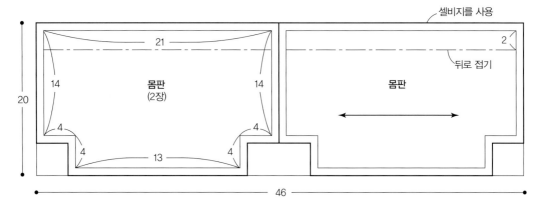

### 도트무늬 코튼 바이어스천

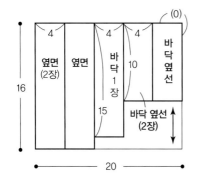

### 양면접착시트

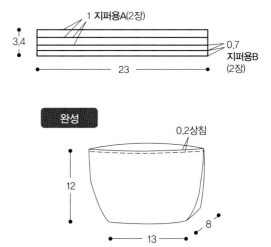

# 더블지퍼 파우치

24쪽

**완성 사이즈**
세로15×가로21cm

**재료**
도트무늬 캔버스 23×29cm, 모카 캔버스 23×17cm, 도트무늬 코튼 23×32cm, 스트라이프무늬 코튼 23×16cm, 자유형 지퍼 2쌍(23cm로 자른다), 링 슬라이더·리버시블 슬라이더 각 1개

**재단배치도**

## 도트무늬 코튼

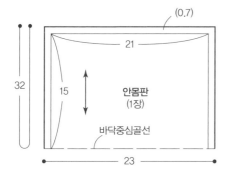

(0.7)

32

21

15

안몸판
(1장)

바닥중심골선

23

## 도트무늬 캔버스

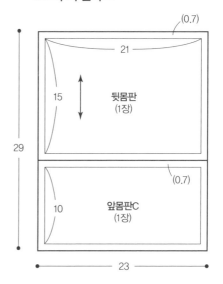

(0.7)

21

15

뒷몸판
(1장)

29

(0.7)

10

앞몸판C
(1장)

23

## 스트라이프 무늬 코튼

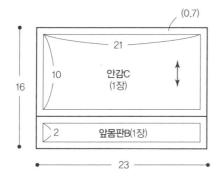

(0.7)

21

10

안감C
(1장)

16

2  앞몸판B(1장)

23

## 모카 캔버스

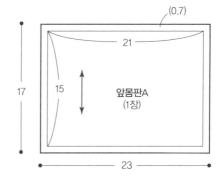

(0.7)

21

17

15

앞몸판A
(1장)

23

※ 지퍼를 다는 방법은 라운드 파우치(26~30쪽) 참조

① **앞몸판에 주머니를 만든다**

앞몸판C와 안감C를 겉끼리 맞댄 후 지퍼를 끼워서
박고, A에 겹친다. 지퍼 위쪽에 B를 올려서 박는다.

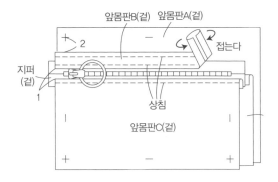

② **앞몸판과 뒷몸판에 지퍼를 달고 겉끼리 맞대어 봉합한다**

①과 뒷면에 지퍼를 붙여 겉끼리 맞대어 옆선과 바
닥을 박는다.

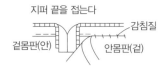

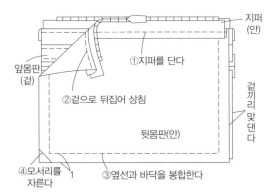

③ **앞몸판을 만들어 안쪽에 감침질한다**

안몸판을 겉끼리 맞대고 반으로 접어 옆선을 박고
입구의 시접을 접어 본체에 넣어 감침질한다.

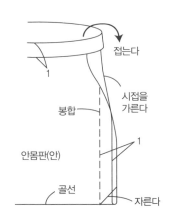

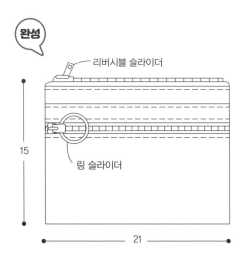

# 미니 보스턴백

18쪽

**실물크기패턴 A면[A]**

**완성 사이즈**

폭37×높이37×바닥폭6cm(손잡이 제외)

**재료**

두꺼운 프린트무늬 코튼 120×50cm, 빨강 무지 코튼 13×15cm, 스트라이프무늬 코튼 100 ×90cm, 접착심지 105×45cm, 40cm 코일지퍼 1개, 직경0.2cm 코드 30cm, 손잡이 1쌍(길 이48cm), 솜 · 후직스MOCO 또는 하늘색 자수실

**재단배치도**

## 프린트무늬 코튼(겉감)

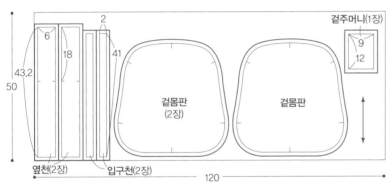

## 빨강 무지 겉주머니 안감(1장)

※주머니를 제외한 겉감은 접착심지를 붙인다

## 스트라이프무늬 코튼(안감)

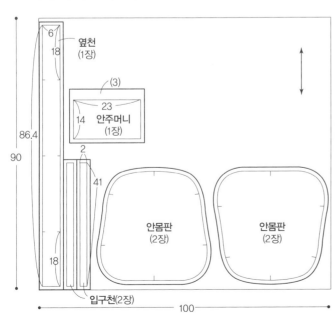

## 마스코트 스트랩

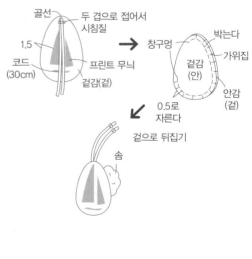

## ① 겉주머니를 만든다

겉주머니를 만들어 본체 앞면에 붙인다.

## ② 입구천을 만든다

옆면(위)에 지퍼를 붙여 옆면(아래)2장을 바닥중심에서 봉합한다. 옆면(위)과 옆면(아래)을 겉끼리 마주대고 원형으로 한다.

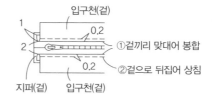

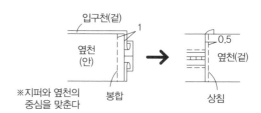

## ③ 몸판과 옆천을 봉합한다

몸판과 옆천을 겉끼리 마주대고 박는다.

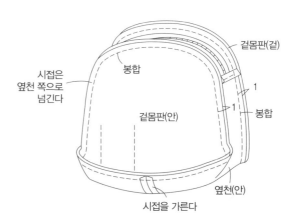

④ **몸판에 손잡이를 단다**

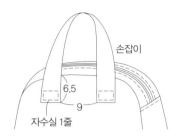

손잡이

6.5

9

자수실 1줄

⑤ **안몸판을 만들어 입구천에 감침질한다**

안몸판(뒷면쪽)에 안주머니를 붙여 본체와 동일하게 안
몸판을 만든다. 겉몸판과 안끼리 서로 마주대고 지퍼
에 감침질한다. 스트랩을 만들어 지퍼 고리에 단다.

※만드는 법은 겉몸판과 동일

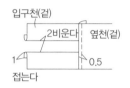

입구천(겉)

2비운다

옆천(겉)

1

0.5

접는다

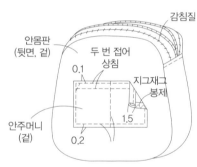

감침질

안몸판
(뒷면, 겉)

두 번 접어
상침

0.1

지그재그
봉제

안주머니
(겉)

1.5

0.2

완성

마스코트 스트랩

37

37

6

# 마린 스트라이프 보스턴백

20쪽

**완성 사이즈**
폭54×높이35×바닥폭14cm(손잡이 제외)

**재료**
스트라이프무늬 캔버스 111cm폭×110cm, 자유형 지퍼 1쌍(72cm로 자른다), 링 슬라이더 2개, 2cm폭 가죽테이프 12cm, 2cm폭 면테이프 390cm

실물크기패턴 A면[B]

---

재단배치도

① 104쪽 재단배치도를 참조하여 원단을 재단한다.

② 주머니를 만든다

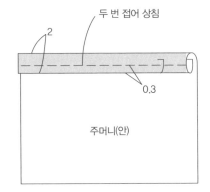

③ 손잡이를 만든다

손잡이의 시접을 접어 손잡이 앞쪽을 상침한다.

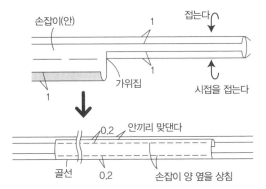

④ 손잡이를 단다

몸판에 손잡이를 단다. 앞면은 주머니를 시침질을 하고 나서 손잡이를 단다.

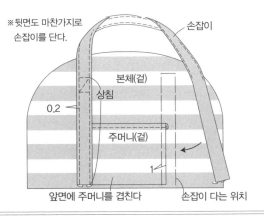

⑤ **옆천을 만든다**

입구천(위)에 지퍼를 단다. 옆천과 겉끼리 맞대고 반으로 접은 가죽테이프를 끼워 봉합한다. 시접을 면테이프로 바이어스 처리한다.

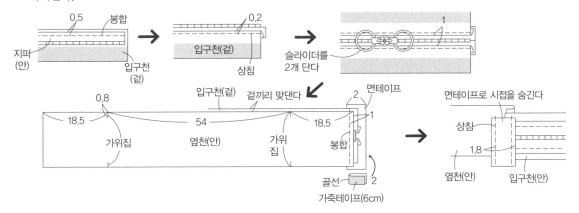

⑥ **몸판과 옆천을 봉합한다**

몸판과 옆천을 겉끼리 마주대고 박는다.

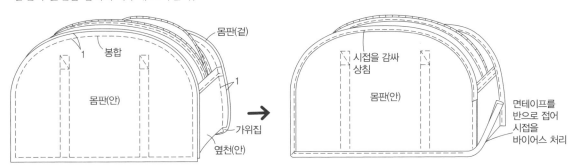

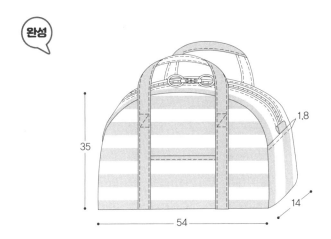

# 마린 스트라이프 다용도 파우치

20쪽

**완성 사이즈(펴진 상태)**
33.2×가로28cm(끈은 제외)

**재료**
스트라이프무늬 캔버스 45×110cm, 자유형 지퍼 1쌍(26cm로 자른다), 링 슬라이더 1개, 도트 단추
1쌍, 2cm폭 면테이프 67cm

재단배치도

스트라이프무늬 캔버스
보스턴백

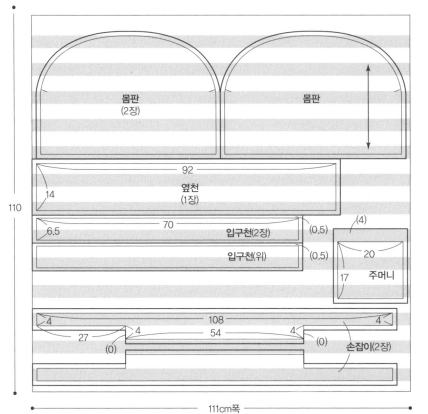

다용도 파우치

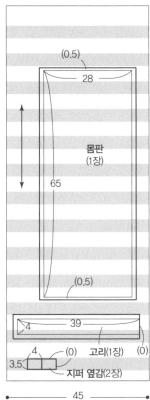

① **몸판에 지퍼를 단다**

지퍼 양쪽에 지퍼 옆감을 박아 사이즈를 조절한 뒤, 몸
판과 연결한다.

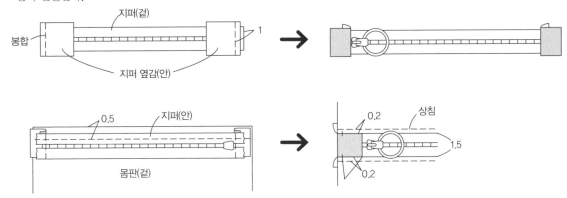

② **고리를 만든다**

③ **몸판에 고리를 단다**

몸판에 ②를 붙인다.

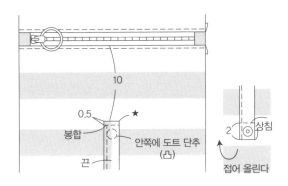

④ **몸판을 겉끼리 맞닿게 접고 옆선을 봉합한다**

몸판을 겉끼리 맞닿게 접어 옆선을 봉합하고, 시접을
정리한다.

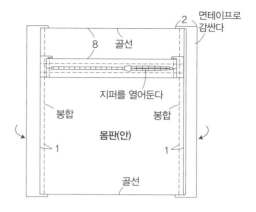

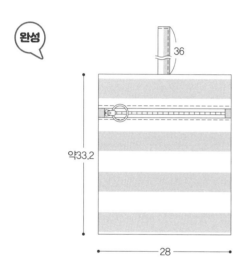

# 둥근바닥 숄더백

22쪽

**완성 사이즈**
바닥직경20×높이30cm(손잡이 제외)

**재료**
도트무늬 캔버스 105×30cm, 모카 캔버스 90×25cm, 베이지 캔버스 105×45cm, 스트라이프무늬 코튼 35×40cm, 자유형 지퍼 1쌍(21cm로 자른다), 링 슬라이더 1개, 직경 1.5cm 자석 단추 1쌍, 리벳이 달린 가죽 손잡이 1개(길이 60cm)

**실물크기패턴 A면[C]**

**재단배치도**

## 도트무늬 캔버스

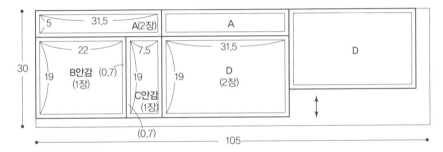

## 모카 캔버스

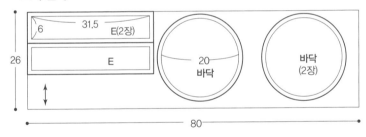

## 스트라이프무늬 코튼

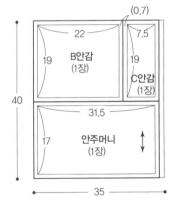

## 베이지 캔버스(안감)

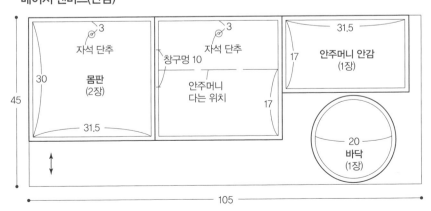

## ① 겉몸판에 주머니를 만든다

28쪽을 참조하여 앞면B와 C에 지퍼를 붙인다. 이것에 D 를 겹쳐서 시침질을 하고 위아래에 A와 E를 봉합한다.

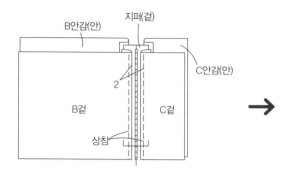
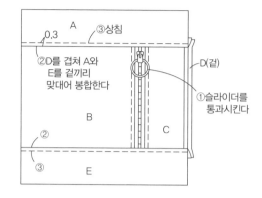

## ② 겉몸판 앞 · 뒷면을 연결한다

뒷면도 동일하게 A. D. E를 봉합하여 앞면과 겉끼리 마 주대고 옆선을 박는다.

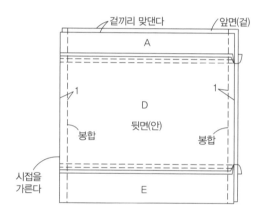

## ③ 겉몸판과 바닥을 연결한다

몸판과 바닥 2장을 겉끼리 마주대고 박아 겉몸판을 만 든다.

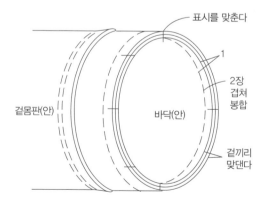

④ **안몸판을 만든다**

안몸판에 안주머니와 자석 단추를 붙여 겉몸판과 동일하게 옆선과 바닥을 봉합한다. 창구멍은 받지 않고 남긴다.

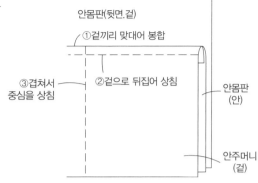

안몸판(뒷면.겉)

①겉끼리 맞대어 봉합

②겉으로 뒤집어 상침

③겹쳐서 중심을 상침

안몸판 (안)

안주머니 (겉)

⑤ **입구를 봉합한다**

겉몸판과 안몸판을 겉끼리 마주대고 입구를 박는다. 겉으로 뒤집어 입구에 미싱스티치를 하고 창구멍을 공그르기로 막는다.

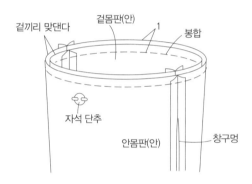

겉끼리 맞댄다

겉몸판(안)

1

봉합

자석 단추

안몸판(안)

창구멍

⑥ **손잡이를 단다**

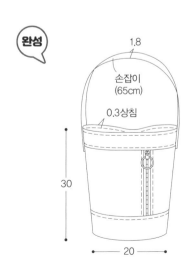

완성

1.8

손잡이 (65cm)

0.3상침

30

20

리벳

3.5

옆선

※솔기와 손잡이 중심을 조금 어긋나게 놓는다.

**완성 사이즈**
가방  폭31×높이28×바닥폭7cm(손잡이 제외)
파우치  폭26×높이15×바닥폭8cm

**재료**
가방  스트라이프무늬 코튼 55×65cm, 도트무늬 코튼 85×65cm, 28cm 컬러 지퍼 2개, 가죽 손잡이(4cm폭×50cm) 2개, 0.5cm폭 가죽끈 50cm

파우치  도트무늬 코튼 40×45cm, 스트라이프무늬 코튼 60×40cm, 38cm 양방향 컬러 지퍼 1개, 1cm폭 가죽테이프 5cm 2개

**10의 실물크기패턴 A면[C]**

**재단배치도**

### 가방 : 스트라이프무늬 코튼

### 가방 : 도트무늬 코튼

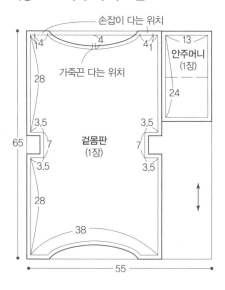

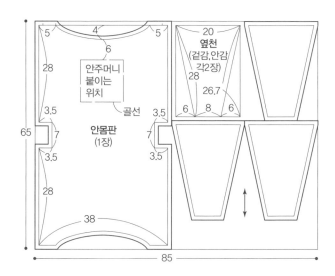

### 파우치 : 도트무늬 코튼

### 파우치 : 스트라이프무늬 코튼

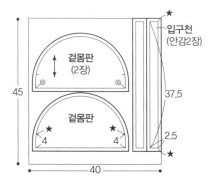

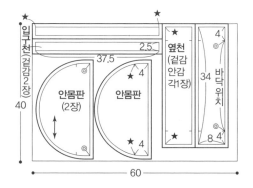

## 가방

### ① 몸판과 옆천을 봉합한다

안몸판에 안주머니를 붙인다. 겉몸판과 옆천을 겉끼리 맞대고 그 사이에 지퍼를 끼워 봉합한다.

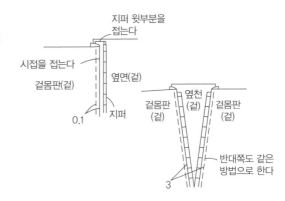

### ② 모서리를 만든다

지퍼를 닫은 상태로 옆천을 봉합한다. 안몸판도 동일하게 봉합한다(지퍼는 없음).

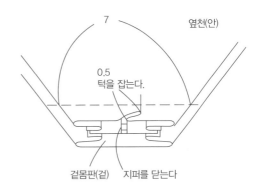

### ③ 겉몸판과 안몸판을 봉합한다

겉몸판과 안몸판을 겉끼리 서로 맞대고 손잡이와 가죽끈을 끼워 입구를 봉합한다. 겉으로 뒤집은 후 입구를 봉합한다.

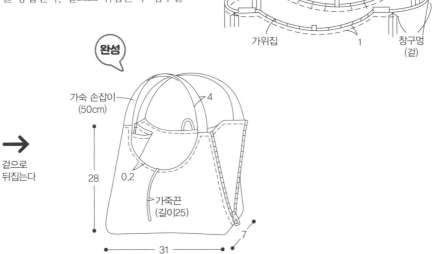

## 파우치

### ① 입구천에 지퍼를 단다

겉몸판과 안몸판을 겉끼리 서로 맞대고 손잡이와 가죽
끈을 끼워 입구를 봉합한다. 겉으로 뒤집은 후 입구를
봉합한다.

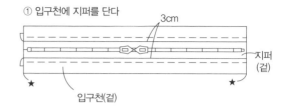

① 입구천에 지퍼를 단다

3cm

지퍼(겉)

★              ★

입구천(겉)

### ② 겉몸판과 안몸판을 봉합한다

②반으로 접은 가죽테이프를 양 끝에 껴서 ①과 옆천을
겉끼리 맞대고 봉합한다. ③맞춤점을 맞춰서 ②와 몸판
을 겉끼리 맞대고 봉합한다. ④안몸판도 같은 방법으로
만들어 지퍼에 감침질한다.

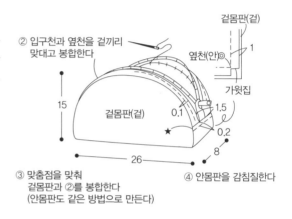

② 입구천과 옆천을 겉끼리
맞대고 봉합한다

겉몸판(겉)

옆천(안)

1

가윗집

15

겉몸판(겉)

0.1

1.5

★

0.2

26

8

③ 맞춤점을 맞춰
겉몸판과 ②를 봉합한다
(안몸판도 같은 방법으로 만든다)

④ 안몸판을 감침질한다

# 스퀘어 보스턴백

32쪽

**완성 사이즈**
폭46×높이32×바닥폭24cm(손잡이 제외)

**재료**
스트라이프무늬 데님 110cm폭×120cm, 바이어스 천 18×34cm, 양면접착시트 120×20cm, 5cm폭 헤링본테이프 414cm, 70cm 양방향 금속 지퍼 1개, 5cm폭 길이조절고리 1개, 연결고리 2개, 1.8cm 폭 D링 2개

**재단배치도**

## 스트라이프무늬 코튼

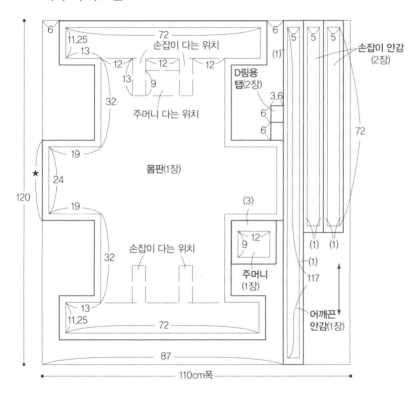
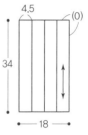

## 바이어스 천

## 양면접착시트

① 주머니를 만든다

안몸판에 안주머니를 붙인다. 겉몸판과 옆천을 겉끼리 맞대고 그 사이에 지퍼를 끼워 봉합한다.

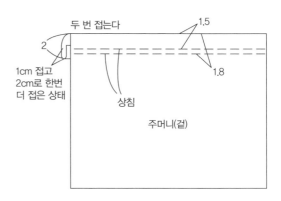

② 손잡이와 어깨끈을 만든다

**손잡이**

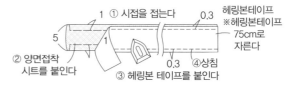

**어깨끈**

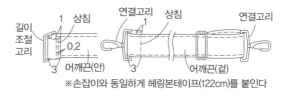

※손잡이와 동일하게 헤링본테이프(122cm)를 붙인다

③ D링용 탭을 2개 만든다

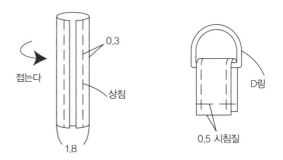

## ④ 손잡이를 단다

몸판에 손잡이를 단다. 앞면에는 주머니를 단다.

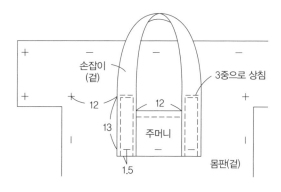

## ⑤ 지퍼를 단다

몸판에 지퍼를 달고, 양쪽에 D링용 탭을 시침질한다.

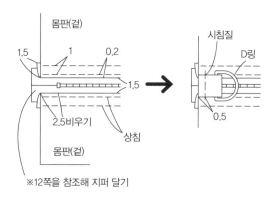

## ⑥ 옆선(가로)을 봉합한다

★표시와 지퍼 부분을 안끼리 마주대고 옆선(가로)을 봉합한다.

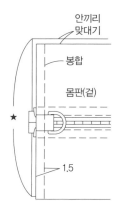

## ⑦ 옆선(세로)을 봉합한다

옆선(세로)에 바이어스 천을 겹쳐서 봉합하고, 시접을 감싸 바이어스 처리한다.

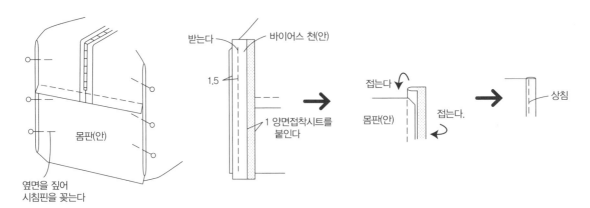

## ⑧ 헤링본 테이프를 단다

그림처럼 헤링본테이프를 단다.

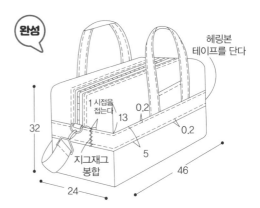

# 단색 보스턴백

34쪽

**완성 사이즈**
폭38×높이22×바닥폭14cm(손잡이 제외)

**재료**
청록색 캔버스 80×75cm, 60cm 양방향 코일 지퍼 1개, 2.5cm폭 헤링본테이프 76cm,
바이어스 천 18×24cm, 양면접착시트 적당량, 장식 라벨 1개

**재단배치도**

## 청록색 캔버스

손잡이를 다는 위치

6.5
11
10
6
10
(3)
22
16
안주머니를
붙이는 위치
(뒷면 안에 붙인다)
26
★
11
16
14
3
3
11
5
손잡이
(2장)
탭(2장)
본체
(1장)
40
(1.5)
22
손잡이를 다는 위치
11
6.5
60
75
80

## 바이어스 천

(0)
3
3
옆선 세로용(4장)
옆선 가로용(2장)
24
16
18

① 탭과 손잡이를 만든다

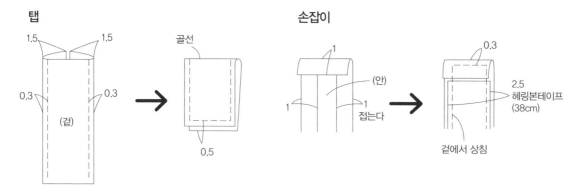

탭

1.5　　1.5

0.3　　0.3

(겉)

골선

0.5

손잡이

1

(안)

1

1

접는다

0.3

2.5
헤링본테이프
(38cm)

겉에서 상침

② 몸판에 지퍼를 단다

본체 안쪽에 안주머니를 붙여 입구 쪽에 지퍼를 붙인다.

안주머니에
칸나누기용 상침

안쪽에
안주머니를
단다

두 번 접음

1.8

2

상침

안주머니(겉)

골선

0.2

1

지퍼

0.2

몸판(겉)

골선

③ 옆선을 봉합한다

지퍼 양쪽에 탭을 시침질하고 본체를 겉끼리 마주대고 옆면 가로를 박아 시접을 처리한다. 옆면 세로도 동일하게 박아 시접을 처리한다. 겉으로 뒤집어 손잡이와 넘버 플레이트를 단다.

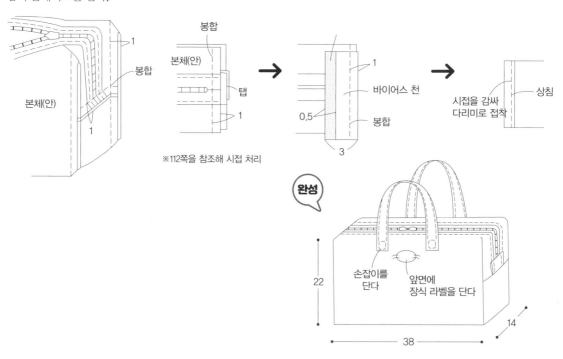

봉합

본체(안)

1

봉합

본체(안)

1

봉합

본체(안)

탭

1

0.5

※112쪽을 참조해 시접 처리

1

바이어스 천

봉합

3

시접을 감싸
다리미로 접착

상침

완성

손잡이를
단다

앞면에
장식 라벨을 단다

22

38

14

# 백 인 백

34쪽

**완성 사이즈**
폭22×높이16×바닥폭4cm(손잡이 제외)

**재료**
머스타드엘로우 캔버스 60×40cm, 라이트그레이 캔버스 70×30cm, 바이어스 천 4×
38cm, 20cm 코일 지퍼 1개, 양면접착시트 적당량

**재단배치도**

**머스타드엘로우 캔버스**

**바이어스 천(2장)**

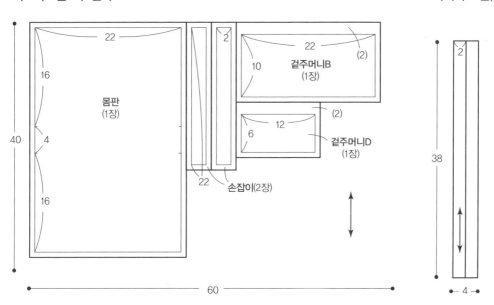

- 몸판 (1장) — 22, 16, 40, 4, 16
- 손잡이(2장) — 2, 22
- 겉주머니B (1장) — 22, 10, (2)
- 겉주머니D (1장) — 6, 12, (2)
- 60
- 2, 38, 4

**라이트그레이 캔버스**

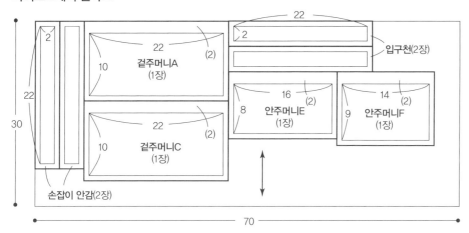

- 겉주머니A (1장) — 22, 10, (2)
- 겉주머니C (1장) — 22, 10, (2)
- 입구천(2장) — 22, 2
- 안주머니E (1장) — 16, 8, (2)
- 안주머니F (1장) — 14, 9, (2)
- 손잡이 안감(2장) — 2, 22, 30
- 70

① 각 주머니를 만든다

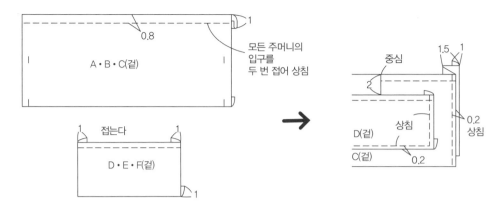

② 안몸판에 안주머니를 단다

몸판(안)에 안주머니E.F를 단다.

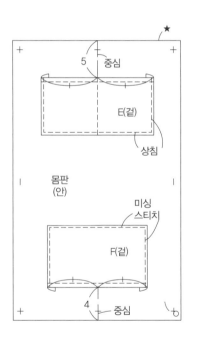

③ 겉몸판에 겉주머니를 단다

몸판(겉)에 겉주머니A. B. C. D를 달고 끝에 양면접착
시트를 붙인 바이어스 천으로 양옆을 감싸 처리한다.

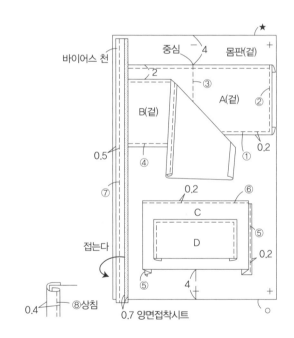

④ 손잡이를 만든다

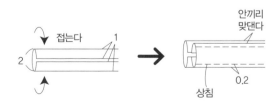

## ⑤ 입구천에 지퍼를 단다

입구천 2장에 지퍼를 달고 겉끼리 맞대어 반으로 접어
옆선을 봉합한다.

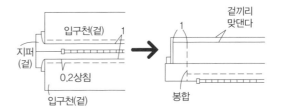

## ⑥ 옆선을 박고 바닥을 만든다

몸판을 겉끼리 맞대어 옆선을 봉합하고 바닥을 만든다.

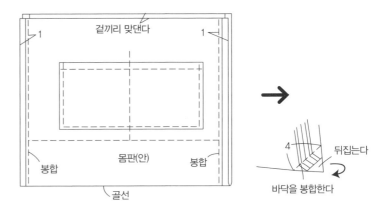

## ⑦ 손잡이와 입구천을 봉합한다

몸판에 손잡이를 시침질하고 입구천을 겉끼리 맞대어 입구
를 박는다. 겉으로 뒤집어 입구를 상침한다.

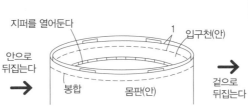

**뒷면**

**완성** **앞면**

# 칸막이 파우치

35쪽

**완성 사이즈**
세로22×가로31cm

**재료**
핑크 캔버스 90×50cm, 바이어스 천용 도트무늬 코튼 15×25cm, 30cm 코일 지퍼 1개,
양면접착시트 적당량

재단배치도

**핑크 캔버스**

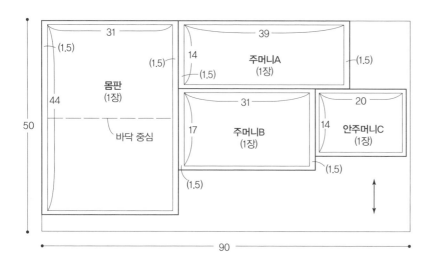

**바이어스 천용
도트무늬 코튼**

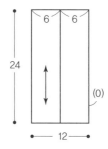

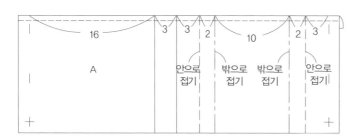

① **각 주머니를 만든다**

A, B도 같은 방법으로 만든다

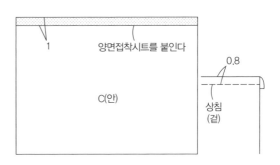

② **몸판에 주머니를 단다**

몸판(안)에 안주머니C를 달고, 몸판(겉)에 주머니A, B를
단다.

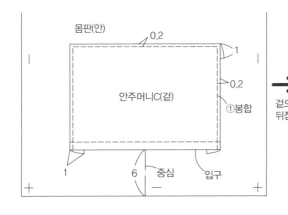

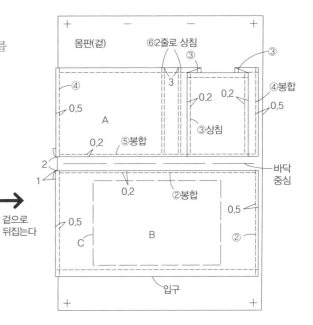

③ **지퍼를 단다**

몸판 양쪽에 지퍼를 단다.

④ **옆선을 봉합한다**

겉끼리 맞닿게 겹쳐 옆선에 바이어스 천을 겹치고 봉합
한 다음 시접을 감싸서 바이어스 처리한다.

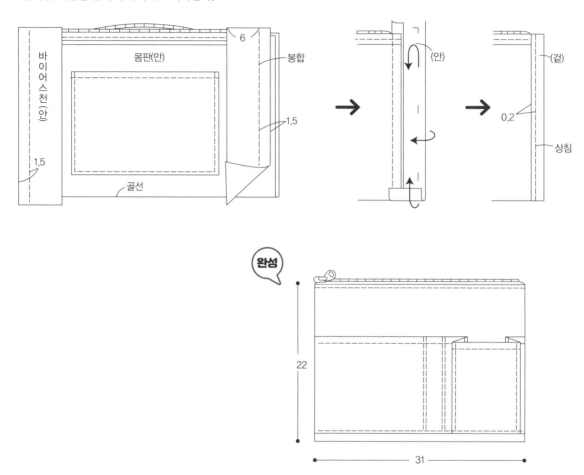

**완성 사이즈**

**화장품 파우치** 폭12×높이9×바닥폭6cm(손잡이 제외)

**미니파우치** 세로5×가로10cm

**재료**

**화장품 파우치** 빨강 캔버스 50×30cm, 스트라이프무늬 코튼 32×11cm, 양면접착시트 28×9.4cm, 20cm 코일지퍼 1개, 2cm폭 티롤리안 테이프 28cm

**미니파우치** 5cm폭 티롤리안 테이프 11.5cm×2장, 스트라이프무늬 코튼 14.5×14cm, 10cm 코일 지퍼(긴 것을 자른다)1개, 직경3cm 열쇠고리 1개, 양면접착시트 11.5×6cm

**재단배치도**

**빨강 캔버스**

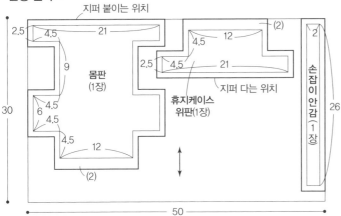

**양면접착시트**
**화장품 파우치용**

**미니파우치용**

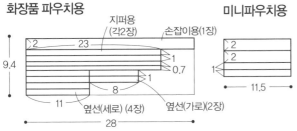

**스트라이프무늬 코튼**

**미니파우치**
**스트라이프무늬 코튼**

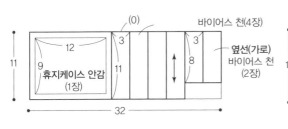

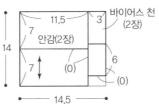

## ① 손잡이를 만든다

**화장품 파우치**

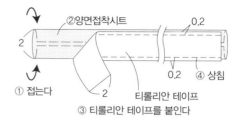

②양면접착시트
① 접는다
2
2
0.2
0.2
④ 상침
티롤리안 테이프
③ 티롤리안 테이프를 붙인다

## ② 휴지케이스의 입구를 만든다

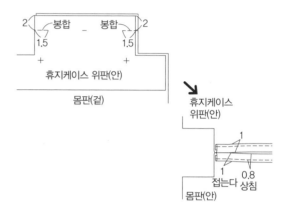

2 봉합 - 봉합 2
1.5 1.5
+ +
휴지케이스 위판(안)
몸판(겉)

휴지케이스 위판(안)
1
1
0.8
접는다 상침
몸판(안)

## ③ 지퍼를 붙인다

휴지케이스에 안감을 붙여 양쪽에 지퍼를 붙여 원형으
로 한다. 손잡이를 시침질한다.

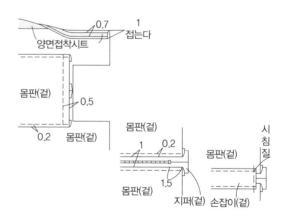

0.7
1
접는다
양면접착시트
몸판(겉)
0.5
0.2 몸판(겉)
몸판(겉)
1 0.2
몸판(겉)
1.5
지퍼(겉)
몸판(겉)
시침질
손잡이(겉)

④ **옆선(가로)을 봉합한다**

옆면(가로)을 겉끼리 마주대고 바이어스 천을 겹쳐서 봉합한다. 시접을 감싸서 봉합한다.

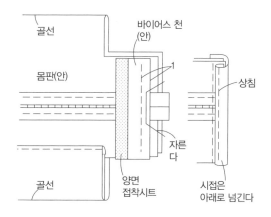

⑤ **옆선(세로)을 박는다**

옆면(세로)에 바이어스 천을 겹쳐 봉합하고, 시접을 감싸서 봉합한다.

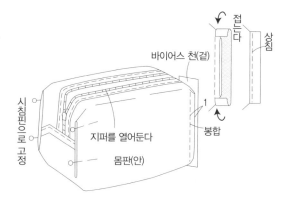

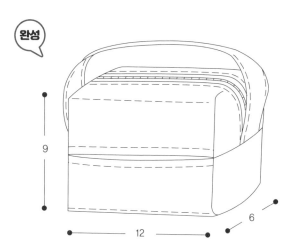

완성

## 열쇠고리 미니 파우치

### ① 양면접착시트를 붙인다

양면접착시트로 티롤리안 테이프와 안감을 붙인다. 같은 방법으로 한 개를 더 만든다.

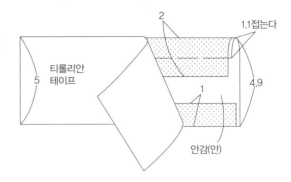

### ② ①에 지퍼를 단다

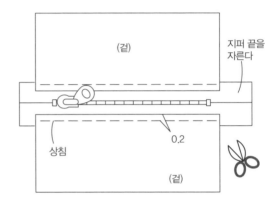

### ③ 옆선을 봉합한다

②를 겉끼리 맞대어 옆선에 바이어스 천을 겹쳐 봉합하고, 시접을 감싸서 봉합한다. 겉으로 뒤집어 바닥을 정리하고, 지퍼 플탭에 열쇠고리를 통과시킨다.

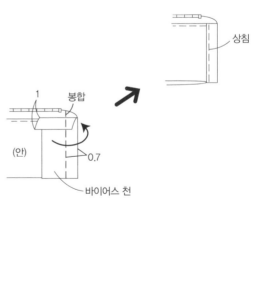

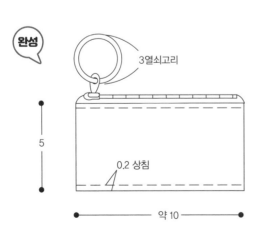

# 주름 파우치

**완성 사이즈**
폭22×높이18.5×바닥폭8cm

**재료**
그린 리넨 · 프린트무늬 리넨 각 55×30cm, 9.5cm폭 레이스 9cm, 24cm 금속 지퍼 1개,
1cm폭 가죽테이프 12cm, 양면징 1쌍, 접착심지 적당량

**실물크기패턴 A면[F]**

[재단배치도]

그린 리넨 (겉감)
프린트무늬 리넨 (안감)

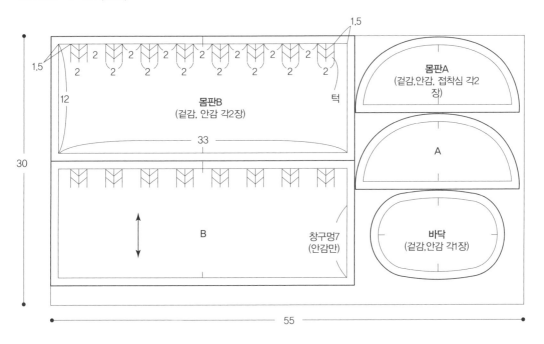

## ① 지퍼 플탭에 가죽 테이프를 단다

지퍼 플탭에 가죽 테이프를 통과시켜서 양면징으로 고정한다.

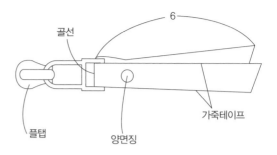

## ② 겉몸판A에 레이스를 붙인다

겉몸판A에 접착심지를 붙이고 앞면에 레이스를 붙인다.

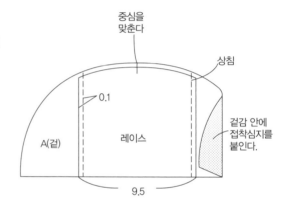

## ③ 몸판A에 지퍼를 단다

겉·안몸판A를 겉끼리 맞대어 지퍼를 끼우고 봉합한 다음 겉으로 뒤집어 상침한다. 반대쪽도 같은 방법으로 만든다.

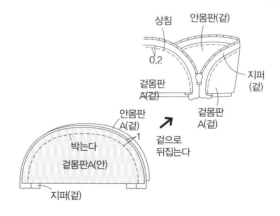

④ **몸판B의 턱을 잡는다**

겉·안몸판B의 아래쪽에 큰 땀으로 주름잡기 봉제한
다. 윗쪽에 턱을 잡아서 시침질을 한다.

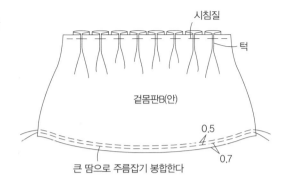

⑤ **B의 옆선을 봉합한다**

B겉감을 겉끼리 맞대어 옆선을 봉합한다. B안감은 창
구멍을 남기고 같은 방법으로 만든다.

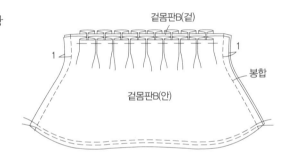

⑥ **몸판B와 바닥을 겉끼리 맞대어 봉합한다**

겉·안몸판 모두 ⑤와 바닥을 겉끼리 맞대어 각각 봉합
한다.

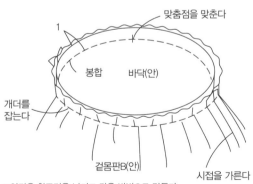

※안감은 창구멍을 남기고 같은 방법으로 만든다.

B겉감과 B안감을 겉끼리 맞대고 사이에 A를 끼워 봉합
한다. 겉으로 뒤집어 창구멍을 공그르기로 막는다.

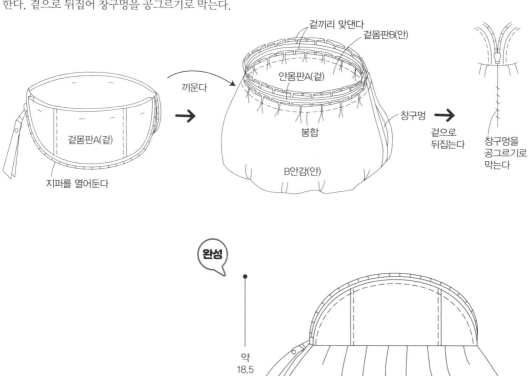

끼운다

겉끼리 맞댄다

겉몸판B(안)

안몸판A(겉)

봉합

창구멍

겉몸판A(겉)

지퍼를 열어둔다

B안감(안)

겉으로
뒤집는다

창구멍을
공그르기로
막는다

완성

약
18.5

약 8

약 22

# 삼각파우치 A & 삼각파우치 B

39쪽

**완성 사이즈**
**삼각파우치 A** 15.5×16×높이15cm
**삼각파우치 B** 14.5×15×높이14cm

**재료**
**삼각파우치 A** 프린트무늬 코튼 2종·두꺼운 접착심지 각 17×34cm, 자유형 지퍼 1개 (34cm로 자른다), 리버시블 슬라이더 1개, 1cm폭 레이스 15cm, 4cm폭 바이어스테이프 35cm
**삼각파우치 B** 프린트무늬 코튼 30×11cm, 베이지 리넨 30×6cm, 도트무늬 코튼 30×15cm, 자유형 지퍼 1쌍(13cm로 자른다), 링 슬라이더 1개, 1cm폭 레이스30cm, 4cm폭 바이어스테이프 33cm

**재단배치도**

### 삼각파우치 A
프린트무늬 코튼2종

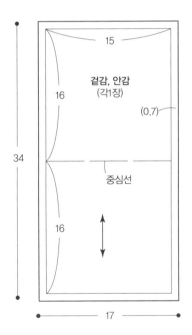

15
걸감, 안감
(각1장)
16
(0.7)
34
중심선
16
17

### 삼각파우치 B
프린트무늬 코튼(A)
베이지 리넨(B)
도트무늬 코튼(안감)

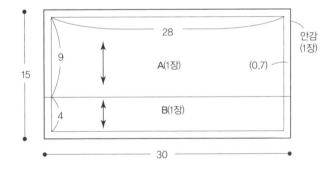

28
안감
(1장)
9
A(1장)
(0.7)
15
4
B(1장)
30

## 삼각파우치 A

### ① 지퍼를 단다

겉감에 두꺼운 접착심지를 붙여 안감과 겉끼리 마주대고 사이에 지퍼를 끼워 봉합한다. 겉으로 뒤집어 주위를 상침한다.

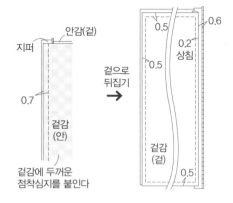

### ② 옆선을 봉합한다

슬라이더를 넣어 겉끼리 맞대고 옆선에 바이어스 테이프를 겹쳐 봉합하고, 시접을 감싸 상침한다.

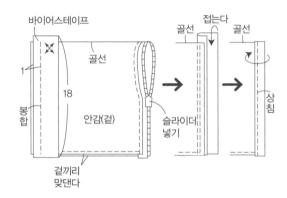

### ③ 지퍼를 중앙으로 오게 해서 바닥을 봉합한다

지퍼를 중앙으로 오게 하여, 바닥 쪽에 바이어스 테이프를 겹쳐 봉합하고, 시접을 감싸 상침한다. 지퍼 고리에 레이스를 묶는다.

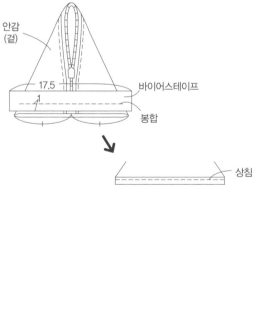

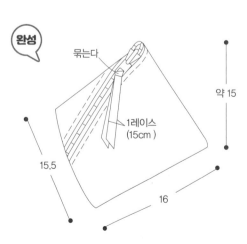

## 삼각파우치 B

### ① 겉감을 만든다

겉감A · B를 봉합하고 솔기 위에 레이스를 겹쳐 고정한다.

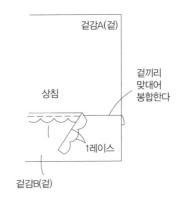

### ② 지퍼를 단다

①과 안감을 겉끼리 마주대고 양쪽에 지퍼를 단다.

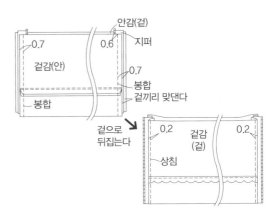

### ③ 바닥을 박는다

슬라이더를 넣고 지퍼를 중심으로 오게 겉끼리 마주댄
다. 바닥 쪽에 바이어스 테이프를 겹쳐 봉합한 다음 시
접을 감싸 상침한다

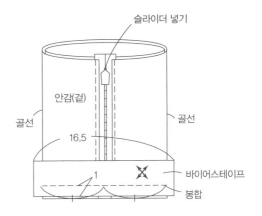

④ **나머지 변을 봉합한다**

남은 변에 바이어스 테이프를 겹쳐 봉합하고 시접을 감
싸 봉합한다.

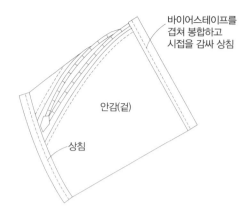

바이어스테이프를
겹쳐 봉합하고
시접을 감싸 상침

안감(겉)

상침

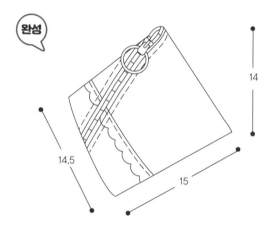

완성

14

14.5

15

# 비즈니스백

44쪽

**완성 사이즈**
폭45×높이30×바닥폭8cm(손잡이 제외)

**재료**
꽃무늬 리넨 70×80cm, 초콜릿브라운 리넨 90×80m, 60cm 양방향 코일 지퍼 1개, 가죽손잡이 1쌍(길이50cm)

**실물크기패턴 A면[G]**

**재단배치도**

꽃무늬 리넨(겉감)
초콜릿브라운 리넨(안감)

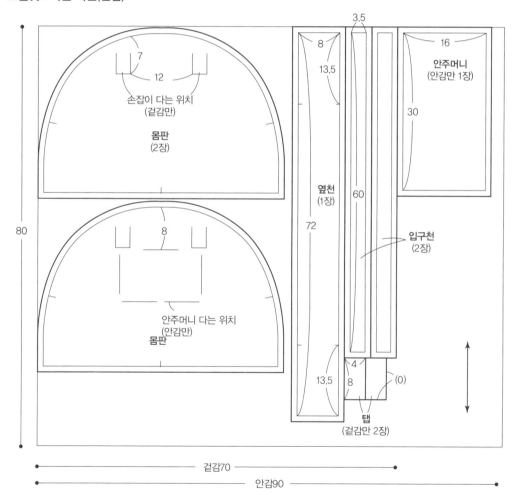

① 탭을 2장 만든다

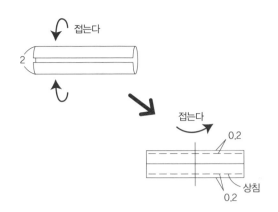

접는다

2

접는다

0.2

상침

0.2

② 입구천에 지퍼를 붙인다

입구천에 지퍼를 달고 양쪽에 ①을 시침질한다.

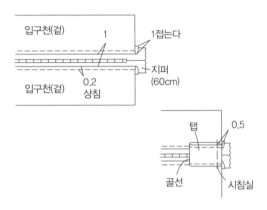

입구천(겉)

1

1접는다

지퍼
(60cm)

입구천(겉)

0.2
상침

탭

0.5

골선

시침실

③ 입구천과 옆천을 연결한다

②와 옆천을 겉끼리 맞대어 봉합한다.

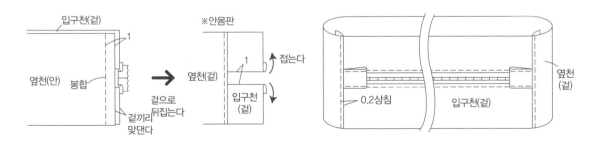

입구천(겉)

1

옆천(안)  봉합

겉끼리
맞댄다

겉으로
뒤집는다

※안몸판

옆천(겉)

1

접는다

입구천
(겉)

0.2상침

입구천(겉)

옆천
(겉)

④ **겉몸판과 옆천을 연결한다**

몸판과 ③을 겉끼리 맞대어 봉합한다.

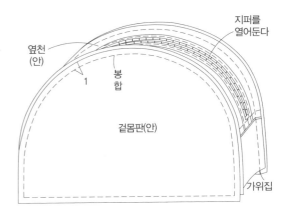

⑤ **손잡이를 단다**

몸판에 손잡이의 D링 부분을 연결한다.

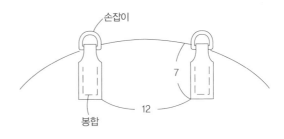

⑥ **안몸판을 만들어 겉몸판과 연결한다**

안몸판에 안주머니를 달고, 겉몸판과 같은 방법으로 만든다. 이때 지퍼 부분의 시접은 접어둔다. 겉몸판과 안끼리 맞대어 겹치고 지퍼에 감침질한다.

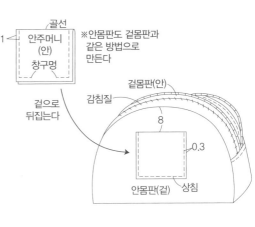

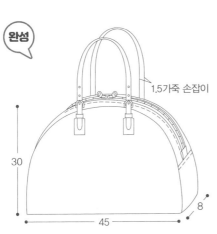

# 스퀘어 마르쉐백

46쪽

**완성 사이즈**
폭34×높이32.5×바닥폭24cm

**재료**
그레이 캔버스 80×110cm, 프린트무늬 코튼·접착심지 각 70×90cm, 스트라이프무늬 데님 6×108cm, 가죽 손잡이 또는 1.8cm폭 가죽테이프 90cm, 1cm폭 두꺼운 벨트심지 64cm, 0.5cm폭 가죽끈 45cm, 지름 2.2cm 단추 2개, 블루 손바느질용 실

## 그레이 캔버스(겉감)

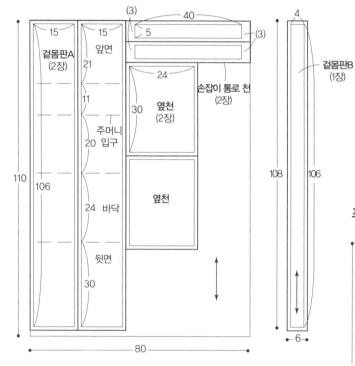

겉몸판A (2장) 15 / 110 / 106

앞면 15 / 21
11
주머니 입구 20
바닥 24
뒷면 30

80

(3) 40
5
(3)

24
옆천 (2장) 30

손잡이 통로 천 (2장)

옆천

## 스트라이프무늬 데님(겉감)

4
겉몸판B (1장)
108 / 106

6

## 프린트무늬 코튼(안감)

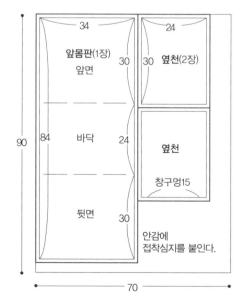

34
앞몸판(1장) 앞면 30
84 바닥 24
뒷면 30
90

24
옆천(2장) 30 / 30

옆천
창구멍15

70

안감에 접착심지를 붙인다.

① **겉몸판A와 B를 연결한다**

겉몸판A 2장 사이에 B를 맞춰 봉합하여 겉몸판을 만들고, 그림과 같이 접어서 주머니를 만든다.

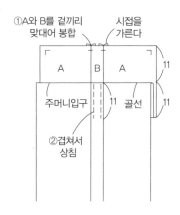

② **겉몸판과 옆천을 연결한다**

몸판과 옆천을 겉끼리 맞대어 봉합한다.

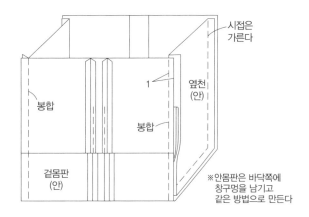

③ **손잡이 통로용 천을 붙인다**

손잡이 통로천을 2장 만들어 겉몸판 입구에 시침질을 한다.

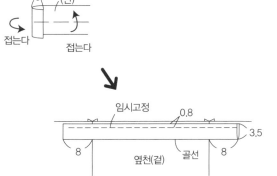

④ 겉·안몸판을 연결한다

안몸판에 창구멍을 남겨서 겉몸판과 같은 방법으로 만들고, 겉몸판과 겉끼리 맞대어 입구를 봉합한다. 겉으로 뒤집어 창구멍을 공그르기로 막는다.

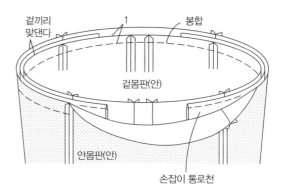

겉끼리 맞댄다 1 봉합
겉몸판(안)
안몸판(안)
손잡이 통로천

⑤ 손잡이를 단다

벨트심지와 가죽 손잡이를 1개로 연결하여 손잡이 통로천에 통과시켜 끝을 꿰매고, 벨트심지를 자수로 고정한다. 앞·뒷면에 단추를 달아 가죽끈을 묶어서 단추에 건다.

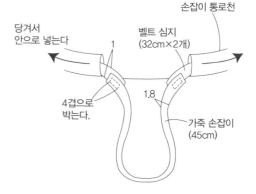

손잡이 통로천
당겨서 안으로 넣는다
1 벨트 심지 (32cm×2개)
4겹으로 박는다.
1.8
가죽 손잡이 (45cm)

완성

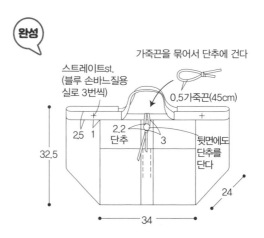

스트레이트st. (블루 손바느질용 실로 3번씩)
가죽끈을 묶어서 단추에 건다
0.5가죽끈(45cm)
2.5 1
2.2 단추
3
뒷면에도 단추를 단다
32.5
34
24

# 메시핸들 북백

48쪽

**완성 사이즈**
폭30×높이33×바닥폭14cm(손잡이 제외)

**재료**
머스타드옐로우 리넨 70×40cm, 프린트무늬 코튼 90×50cm, 그린 코튼리넨 · 접착심지 각100×50cm, 사각 고리 달린 가죽메시 손잡이 1쌍(길이42cm), 3.5m폭 리넨테이프 30cm, 0.6cm폭 면끈 100cm

**재단배치도**

## 머스타드옐로우 리넨

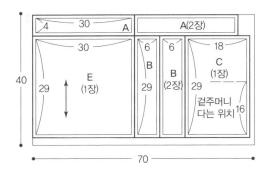

## 프린트무늬 코튼

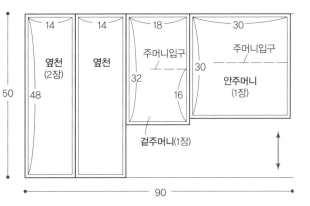

## 그린 코튼리넨

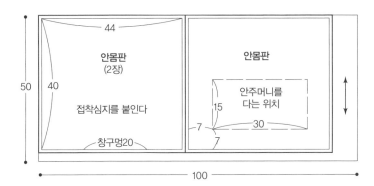

① **겉몸판 앞뒷면에 손잡이를 단다**

겉주머니를 안끼리 마주대고 반으로 접어서 C에 겹쳐 B와 겉끼리 마주대고 박는다. 이것에 손잡이를 통과시킨 리넨테이프를 시침질하고, A를 봉합하고, 앞면 겉감을 만든다. 뒷면은 A와 E 사이에 손잡이를 껴서 박는다.

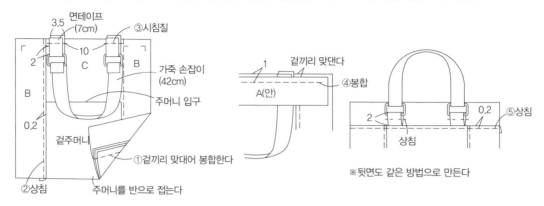

② **겉몸판과 옆천을 연결한다**

옆천 2장을 바닥 중심으로 봉합하고 앞면, 뒷면과 겉끼리 마주대고 박는다.

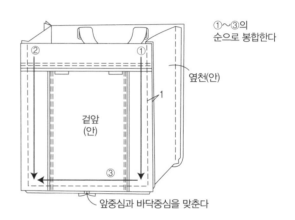

③ **안몸판을 만든다**

안감에 속주머니를 붙인다. 2장을 겉끼리 마주대고 창구멍를 남겨 옆천과 바닥을 박고 바닥폭을 만든다.

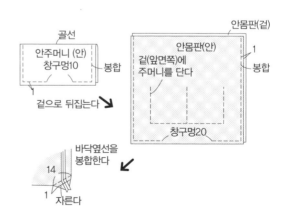

④ **겉몸판과 옆천을 연결한다**

겉몸판과 안몸판을 겉끼리 맞대어 면끈을 껴서 입구를
봉합한다.

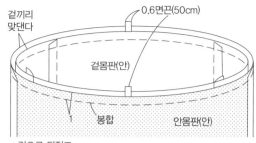

겉끼리
맞댄다

0.6면끈(50cm)

겉몸판(안)

1 봉합 안몸판(안)

겉으로 뒤집고
창구멍을 공그르기로 막는다

**완성**

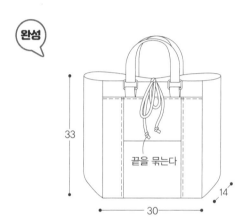

33

끝을 묶는다

30

14

# 둥근바닥 토트백

49쪽

**완성 사이즈**
바닥직경23×높이33(손잡이 제외)

**재료**
그린 리넨(겉감,프릴용) 100×60cm, 꽃무늬 코튼 · 접착심지 각 100×35cm, 스트라이프무늬 리넨(안주머니용) 19×28cm, 스트라이프무늬 리넨(프릴용) 45×50cm, 1cm폭 레이스 20cm, 0.3cm폭 스웨이드 끈 80cm, 가죽용 손바느질 실, 손잡이 1쌍(길이 47.5cm), 라이트그레이 자수실

**실물크기패턴 A면[H]**

**만드는 방법**

① 안주머니를 만든다.

② 안감에 접착심지를 붙이고 안몸판에 안주머니를 단다. 안몸판을 겉끼리 맞대어 반으로 접고 옆선을 봉합한다.

③ ②와 바닥을 겉끼리 맞대어 봉합해 안몸판을 만든다.

④ 겉몸판의 앞면에 크로스스티치를 하고 안몸판과 같은 방법으로 만든다.

⑤ 겉몸판에 스웨이드끈을 시침질하고, 겉몸판과 안몸판을 겉끼리 맞대어 연결한 다음 겉으로 뒤집어 창구멍을 공그르기로 막는다.

⑥ 프릴을 만들어 겉몸판 입구에 단다.

⑦ 손잡이를 단다.

**재단배치도**

## 그린 리넨(겉감)

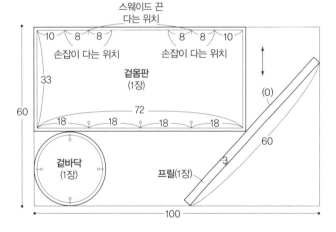

## 크로스스티치 도안

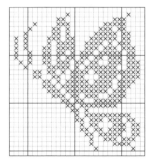

※ 자수실 2줄

## 꽃무늬 코튼(안감)

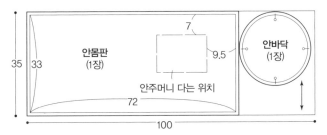

안몸판
(1장)

35 | 33

7

9.5

안바닥
(1장)

안주머니 다는 위치

72

100

## 스트라이프무늬 리넨

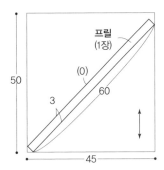

프릴
(1장)

(0)

50

3

60

45

## 스트라이프무늬 리넨

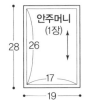

안주머니
(1장)

28 | 26

17

19

완성

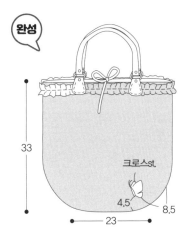

33

크로스st.

4.5

8.5

23

**완성 사이즈**
폭33×높이33cm(손잡이 제외)

**재료**
스트라이프무늬 리넨 140cm폭×40cm, 프린트무늬 코튼 80×40cm, 꽃무늬 코튼(주머니 안감용) 19
×18cm, 접착심지 100×40cm, 사각 고리 달린 손잡이 1쌍, 가죽 테이프 2.5cm폭 28cm · 1cm폭
9cm, 지름2.2cm 단추 2개, 모티프레이스 1장, 빨강 자수실

**실물크기패턴 B면[K]**

**재단배치도**

**스트라이프무늬 리넨(겉감)**

**꽃무늬 코튼**

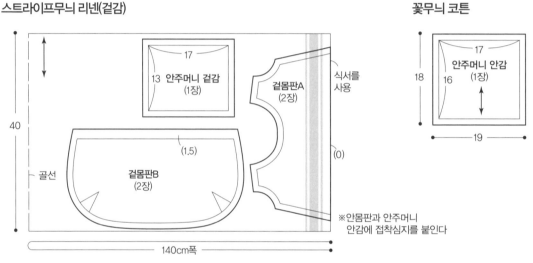

**프린트무늬 코튼(안감)**

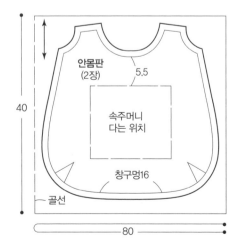

## ① 앞뒤 겉몸판을 만든다

원단의 셀비지를 사용하여 겉몸판A를 재단하고 겉몸판 B와 연결한다. 다트를 봉합하고 시접을 넘겨 러닝스티치를 한다.

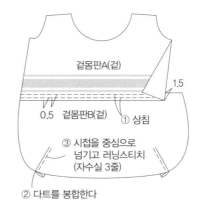

겉몸판A(겉)

1.5

0.5 겉몸판B(겉) ① 상침

③ 시접을 중심으로
넘기고 러닝스티치
(자수실 3줄)

② 다트를 봉합한다

## ② 겉몸판을 연결한다

겉몸판 2장을 겉끼리 맞대고 옆선에서 바닥까지 이어서 봉합한다.

겉끼리 맞댄다

겉몸판(안)

봉합

가위집

## ③ 안주머니를 만든다

안몸판에 안주머니를 달고 창구멍을 남겨서 겉몸판과 같은 방법으로 만든다.

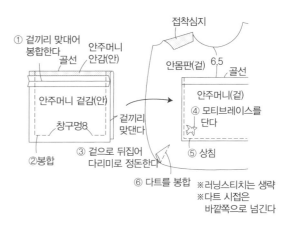

① 겉끼리 맞대어
봉합한다
골선   안주머니
안감(안)

접착심지

안몸판(겉)  6.5
골선

안주머니 겉감(안)

안주머니(겉)
④ 모티브레이스를
단다

창구멍8

겉끼리
맞댄다

② 봉합

③ 겉으로 뒤집어
다리미로 정돈한다

⑤ 상침

⑥ 다트를 봉합   ※러닝스티치는 생략
※다트 시접은
바깥쪽으로 넘긴다

④ **탭을 만든다**

손잡이와 단추용 탭을 만들어 겉몸판에 시침질을 한다.

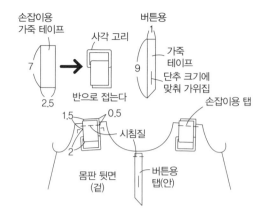

손잡이용
가죽 테이프

사각 고리

7

2.5

반으로 접는다

버튼용

가죽
테이프

9

단추 크기에
맞춰 가위집

손잡이용 탭

1.5      0.5

시침질

2

몸판 뒷면
(겉)

버튼용
탭(안)

⑤ **겉몸판과 안몸판을 연결한다**

겉몸판과 안몸판을 겉끼리 맞대어 입구를 봉합한다. 겉
으로 뒤집어 창구멍을 공그르기로 막고 단추를 단다.

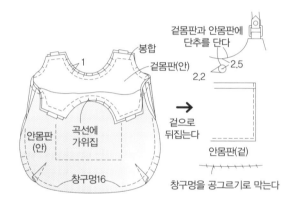

봉합

1

겉몸판(안)

안몸판
(안)

곡선에
가위집

창구멍16

겉몸판과 안몸판에
단추를 단다

2.5

2.2

겉으로
뒤집는다

안몸판(겉)

창구멍을 공그르기로 막는다

**완성**

33

약33

# 리본 포쉐트백

56쪽

**완성 사이즈**
높이19×가로35.5cm(체인 제외)

**재료**
꽃무늬 코튼·차콜그레이 리넨 각 80×40cm, 35cm 금속 지퍼 1개, 두꺼운 접착심지 80×25cm, 접착심지 80×50cm, 0.6cm폭 리본 32cm, 0.9cm폭 D링 2개, 연결고리 달린 체인 1개(길이120cm)

**실물크기패턴 A면[l]**

**재단배치도**

**꽃무늬 코튼(겉감)**
**차콜그레이 리넨(안감)**

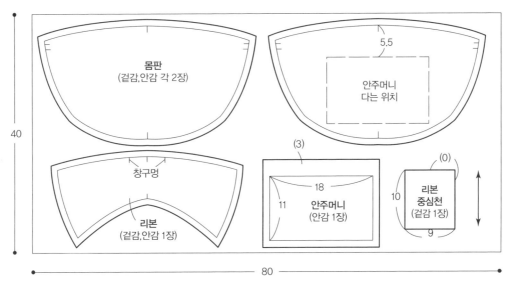

※겉몸판에 두꺼운 접착심지를 붙인다. 안주머니를 제외한 안감과 리본 겉감, 리본 중심천에 접착심지를 붙인다.

① **겉몸판에 지퍼를 단다**

겉감과 안감에 각각 접착심지를 붙여서 각 부분을 재단
한다. 겉몸판에 지퍼를 단다.

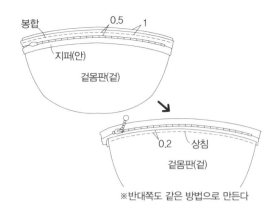

봉합
0.5
1
지퍼(안)
겉몸판(겉)

0.2
상침
겉몸판(겉)

※반대쪽도 같은 방법으로 만든다

② **겉몸판을 겉끼리 맞대어 봉합한다**

겉몸판을 겉끼리 맞대고 사이에 D링을 통과시킨 리본
을 끼워서 봉합한다.

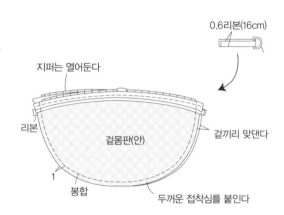

0.6리본(16cm)

지퍼는 열어둔다

리본
겉몸판(안)
겉끼리 맞댄다

1
봉합
두꺼운 접착심을 붙인다

③ **리본을 만든다**

리본을 만들어 겉감 앞면에 고정한다.

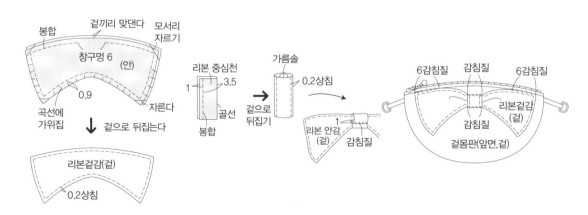

봉합
겉끼리 맞댄다
모서리
자르기
창구멍 6
(안)
0.9
곡선에
가위집
자른다
↓ 겉으로 뒤집는다

리본 중심천
1
3.5
골선
봉합
겉으로
뒤집기
가름솔
0.2상침

리본겉감(겉)
0.2상침

6감침질
감침질
6감침질
리본겉감
(겉)
감침질
겉몸판(앞면,겉)
리본 안감
(겉)
감침질
1

## ④ 몸판을 만들고 겉몸판과 연결한다

안몸판에 안주머니를 달아 2장 겉끼리 맞대어 봉합한 뒤
겉몸판과 겹쳐 감침질을 한다. 체인을 달아 완성한다.

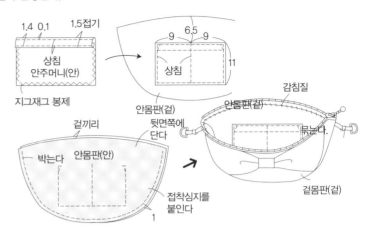

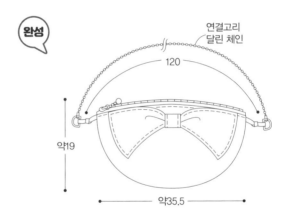

**완성 사이즈**
**숄더백** 폭32×높이22×바닥폭4cm(어깨끈 제외)
**미니파우치** 세로14×가로21cm

**재료**
꽃무늬 캔버스 140cm폭×50cm, 무지 코튼리넨 80×50cm, 연결고리 달린 가죽 어깨끈 1개(길이 115cm), 1.2cm폭 테이프 10cm, 1.5cm폭 삼각링 2개, 지름 1.5cm 자석 단추 1쌍, 20cm 금속 지퍼 1 개, 연결고리 달린 체인 20cm 1개, 지름 2cm 고리 1개

**재단배치도**

## 꽃무늬 캔버스(겉감)

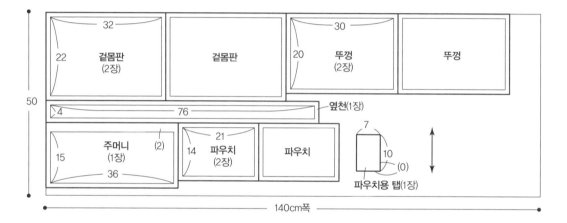

## 무지 코튼리넨(안감)

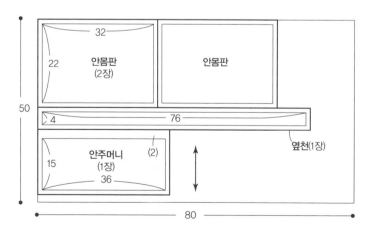

① **겉몸판에 주머니를 단다**

주머니를 만들어 겉몸판 앞면에 붙인다.

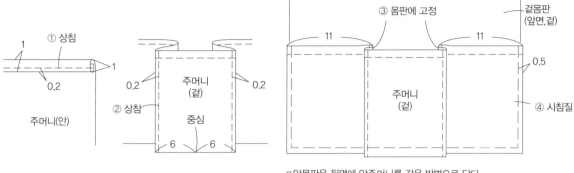

※안몸판은 뒷면에 안주머니를 같은 방법으로 단다

② **겉몸판과 옆천을 연결한다**

몸판과 옆천을 겉끼리 맞대어 봉합한다. 안몸판은 창구멍을 남기고 겉몸판과 같은 방법으로 만든다.

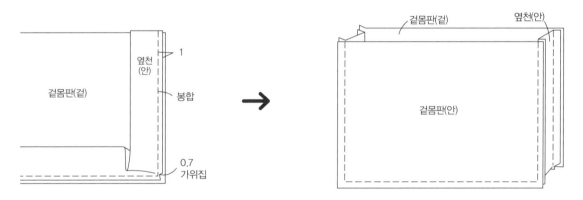

③ **뚜껑을 만든다**

뚜껑 2장을 겉끼리 맞대고 창구멍을 남겨서 봉합한 뒤 겉으로 뒤집어 겉봉투 뒷면에 시침질을
한다. 옆면에 탭을 시침질을 한다.

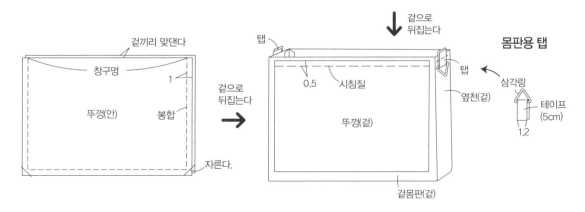

④ **겉몸판과 안몸판을 연결한다**

안몸판에 자석 단추를 달아 겉몸판과 겉끼리 마주대고 입구를 박는다. 겉으로 뒤집어 입구에 상침하고,
창구멍을 공그르기로 막는다.

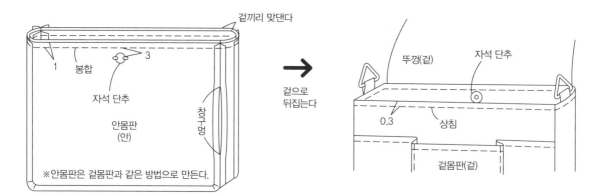

겉끼리 맞댄다

1
봉합
3
자석 단추
안몸판
(안)
창구멍
※안몸판은 겉몸판과 같은 방법으로 만든다.

겉으로
뒤집는다

뚜껑(겉)
자석 단추
0.3
상침
겉몸판(겉)

⑤ **파우치를 만든다**

파우치에 지퍼를 붙이고 겉끼리 맞대어 탭을 꺼서 옆면
과 바닥을 박는다. 겉으로 뒤집어 몸판에 숄더, 파우치
에 연결고리 달린 체인을 단다.

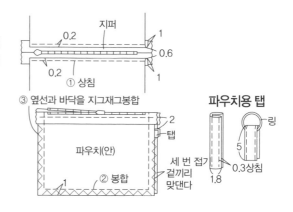

지퍼
0.2
1
0.6
0.2
1
① 상침
③ 옆선과 바닥을 지그재그봉합
2
탭
파우치(안)
세 번 접기
겉끼리
맞댄다
1
② 봉합

**파우치용 탭**
링
5
0.3상침
1.8

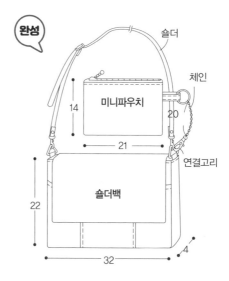

완성
숄더
체인
미니파우치
14
20
21
연결고리
숄더백
22
32
4

# 레이스 그래니백

60쪽

**완성 사이즈**
폭50×높이21.5×바닥폭7cm(손잡이 제외)

**재료**
리넨데님 74×63cm, 레이스지(주위를 자른 거) 64×28cm, 대나무 손잡이(폭27×높이14cm)
1쌍, 브로치 1개

**재단배치도**

## 리넨데님

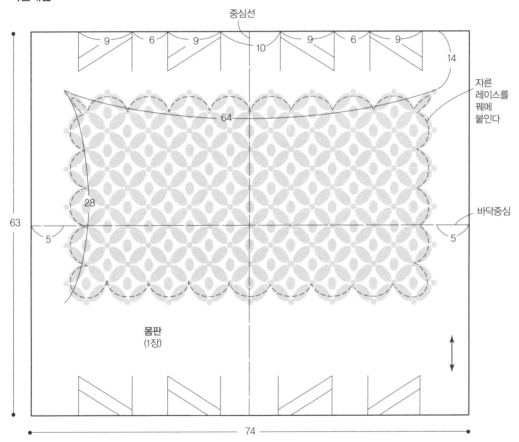

중심선

9　6　9　10　9　6　9

14

자른
레이스를
꿰메
붙인다

64

28

바닥중심

63

5　5

몸판
(1장)

74

① **턱을 잡는다**

몸판 겉에 주위를 자른 레이스를 재단배치도와 같이 배치
하여 둘레를 고정하고 턱을 잡아 봉합한다.

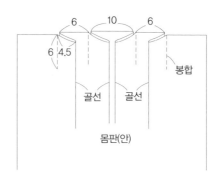

② **옆선을 봉합한다**

①을 겉끼리 맞닿게 반으로 접어 입구를 남기고 옆선을
봉합한다. 입구의 시접은 두 번 접어 상침한다.

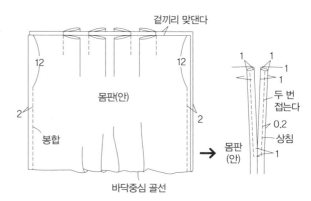

③ **손잡이를 단다**

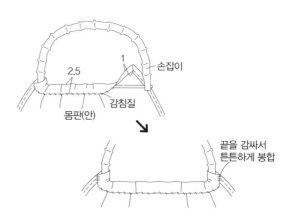

## ④ 바닥을 만든다

바닥에 모서리를 접어 옆선에 고정하고, 어울리는 브로 치를 단다.

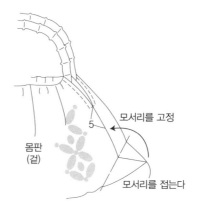

모서리를 고정

몸판
(겉)

5

모서리를 접는다

완성

14

약21.5

브로치를 단다

약7

약50

# 배색 파우치

62쪽

**완성 사이즈**
세로16×가로19cm

**재료**
꽃무늬 코튼·도트무늬 리넨·접착심지 각42×15cm, 블루 리넨 14×16cm, 레이스1cm
폭·2.5cm폭 각 8cm, 12cm폭 바네 1개, 오프화이트 자수실

**재단배치도**

**꽃무늬 코튼(겉감)**
**도트무늬 리넨(안감)**

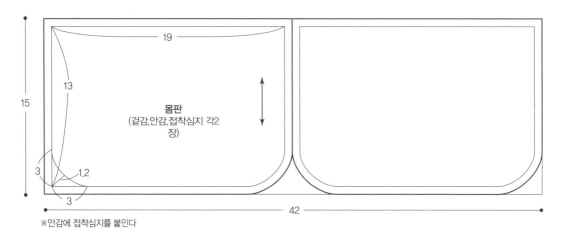

19

13

15

**몸판**
(겉감,안감,접착심지 각2
장)

3    1.2

3

42

※안감에 접착심지를 붙인다

**블루 리넨**

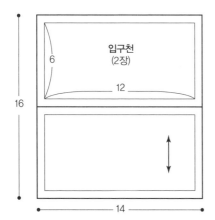

**입구천**
(2장)

6

12

16

14

## ① 입구천을 만든다

몸판 겉에 주위를 자른 레이스를 재단 배치도와 같이 배치하여 둘레를 고정하고 턱을 잡아 봉합한다.

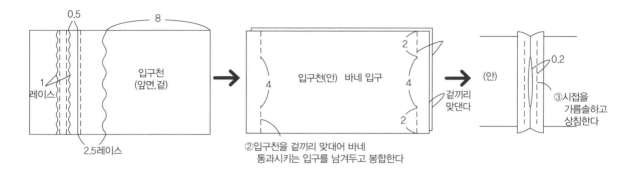

0.5
8
1
레이스
입구천
(앞면,겉)
2.5레이스

입구천(안)  바네 입구
4
2
2
4
겉끼리
맞댄다

②입구천을 겉끼리 맞대어 바네
통과시키는 입구를 남겨두고 봉합한다

(안)
0.2
③시접을
가름솔하고
상침한다

## ② 겉 · 안몸판을 만든다

겉몸판과 안몸판을 각각 만든다.

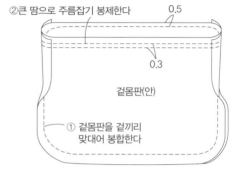

②큰 땀으로 주름잡기 봉제한다
0.5
0.3
겉몸판(안)

① 겉몸판을 겉끼리
맞대어 봉합한다

※ 안몸판은 접착심지를 붙이고 겉몸판과 같은 방법
으로 만든다(바닥에 창구멍 10cm를 남긴다).

## ③ 입구천과 몸판을 봉합한다

②의 입구에 개더를 잡아 12cm로 만들고, 입구천을 겉
끼리 맞대어 봉합한다.

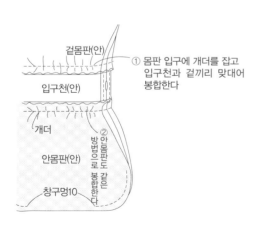

겉몸판(안)
① 몸판 입구에 개더를 잡고
입구천과 겉끼리 맞대어
봉합한다

입구천(안)

개더

②안몸판도 같은
방법으로 봉합한다

안몸판(안)

창구멍10

## ④ 바네를 통과시킨다

겉으로 뒤집어 창구멍을 공그르기로 막은 다음 입구천
을 상침하고 바네를 통과시킨다.

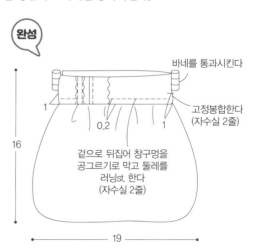

완성

바네를 통과시킨다

1
0.2
1
16
19

고정봉합한다
(자수실 2줄)

겉으로 뒤집어 창구멍을
공그르기로 막고 둘레를
러닝st. 한다
(자수실 2줄)

# 우드핸들 에그백

63쪽

**완성 사이즈**
세로35×가로31cm(손잡이 제외)

**재료**
자가드 니트60×40cm, 브라운계열 울40×30cm, 노랑 울 6×26cm, 프린트무늬 코튼 90×40cm, 접착심지 70×40cm, 접착심지 18×14cm, 벨벳리본 1cm폭 45cm · 2.5cm폭 5cm, 나무 손잡이(폭20×높이8cm)1쌍, 녹색 자수실

**실물크기패턴 B면[L]**

**재단배치도**

## 자가드 니트(겉감)

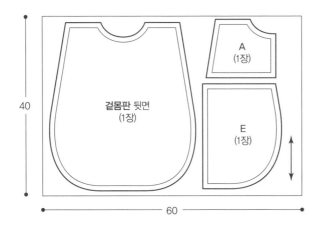

A
(1장)

겉몸판 뒷면
(1장)

E
(1장)

40

60

## 브라운계열 울(겉감)

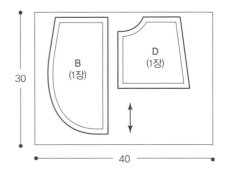

B
(1장)

D
(1장)

30

40

## 프린트무늬 코튼(안감)

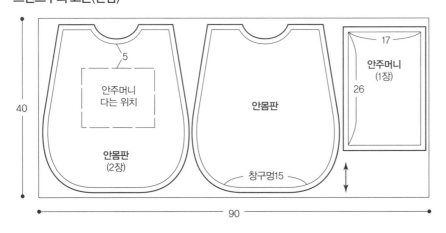

5

안주머니
다는 위치

안몸판

안몸판
(2장)

창구멍15

40

90

## 노랑 울(겉감)

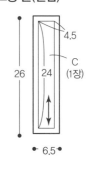

17

안주머니
(1장)

26

4.5

C
(1장)

26

24

6.5

① **겉몸판 앞면을 만든다**

A~E를 봉합하여 겉몸판 앞면을 만든다.

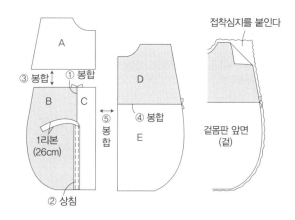

② **겉몸판을 연결한다**

앞뒷면 겉감에 접착심지를 붙이고, 겉끼리 맞대어 사이에 리본을 끼우고 봉합한다.

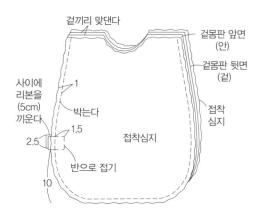

③ **안몸판에 안주머니를 단다**

안주머니를 만들어 안몸판에 단다. 안몸판을 겉끼리 맞대어 창구멍을 남기고 봉합한다.

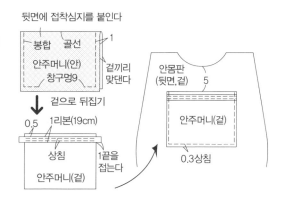

④ **겉 · 안몸판을 연결한다**

겉몸판과 안몸판을 겉끼리 맞대어 입구를 봉합한다. 곡
선에 가위집을 넣고 겉으로 뒤집어 창구멍을 공그르기
로 막는다.

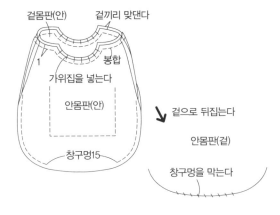

⑤ **손잡이를 단다**

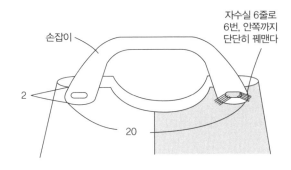

# 플랩 마르쉐백

68쪽

**완성 사이즈**
입구폭54(바닥가로22.8)×높이24×깊이17cm

**재료**
흰색꽃무늬 코튼 85×60cm, 그린지꽃무늬 코튼·접착심지 각 105×60cm, 자석 단추 1
쌍, 지름 1.2cm 아일릿 4쌍과 직경 1cm 로프 120cm, 가죽용 손바느질 실

**실물크기패턴 B면[M]**

---

**재단배치도**

**흰색꽃무늬 코튼(겉감)**

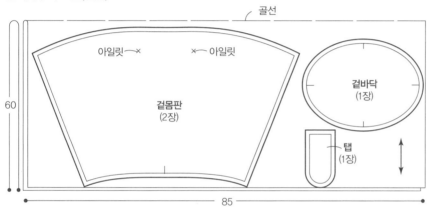

골선

아일릿—× ×—아일릿

**겉몸판**
(2장)

**겉바닥**
(1장)

**탭**
(1장)

60

85

**그린꽃무늬 코튼(안감)**

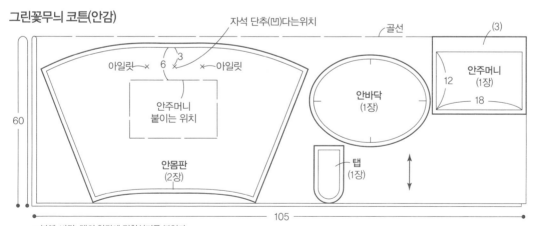

자석 단추(凹)다는위치

골선

(3)

아일릿—× 3 ×—아일릿
6

**안주머니**
**붙이는 위치**

**안바닥**
(1장)

**안주머니**
(1장)

12

18

**안몸판**
(2장)

**탭**
(1장)

60

105

※본체, 바닥, 탭의 안감에 접착심지를 붙인다.

① **탭을 만든다**

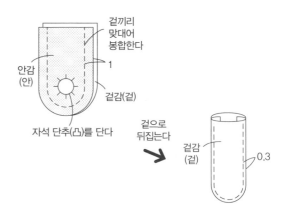

겉끼리
맞대어
봉합한다

안감
(안)

1

겉감(겉)

자석 단추(凸)를 단다

겉으로
뒤집는다

겉감
(겉)

0.3

② **겉 · 안몸판의 옆선을 각각 봉합한다**

안몸판에 안주머니와 자석 단추(凹)를 달아 창구멍을 남겨두고 안몸판을 연결한다. 겉몸판은 창구멍을 남기지 않고 연결한다.

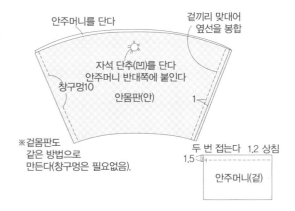

안주머니를 단다

겉끼리 맞대어
옆선을 봉합

자석 단추(凹)를 단다
안주머니 반대쪽에 붙인다

창구멍10

안몸판(안)

1

※겉몸판도
같은 방법으로
만든다(창구멍은 필요없음).

두 번 접는다  1.2 상침

1.5

안주머니(겉)

③ **몸판과 바닥을 연결한다**

②와 바닥을 겉끼리 맞대어 봉합해 겉몸판과 안몸판을 각각 만든다.

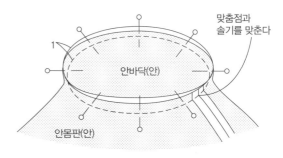

맞춤점과
솔기를 맞춘다

1

안바닥(안)

안몸판(안)

※겉몸판도 같은 방법으로 만든다.

④ **몸판과 바닥을 연결한다**

겉몸판과 안몸판을 겉끼리 맞대어 탭을 끼우고 입구를
봉합한다.

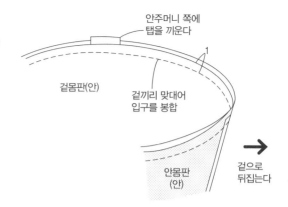

안주머니 쪽에
탭을 끼운다

1

겉몸판(안)

겉끼리 맞대어
입구를 봉합

안몸판
(안)

겉으로
뒤집는다

⑤ **마무리한다**

겉으로 뒤집어 창구멍을 공그르기로 막고 아일릿을 달
아 로프를 통과시킨다.

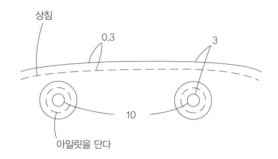

상침

0.3

3

10

아일릿을 단다

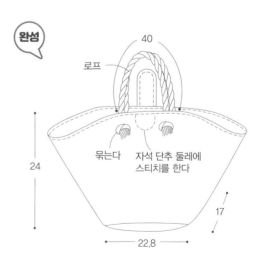

완성

40

로프

묶는다    자석 단추 둘레에
스티치를 한다

24

17

22.8

# 서큘러백

69쪽

**완성 사이즈**
폭40×높이30cm

**재료**
꽃무늬 코튼·작은꽃무늬 코튼 각 80×80cm, 3cm폭 리본 80cm, 직경 1cm로프 280cm

실물크기패턴 B면[M]

---

**재단배치도**

**꽃무늬 코튼(겉감)**
**작은꽃무늬 코튼(안감)**

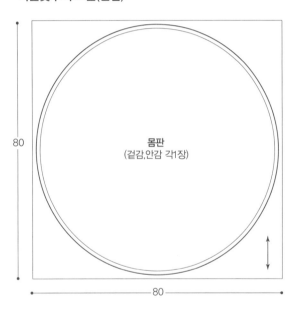

몸판
(겉감,안감 각장)

80

80

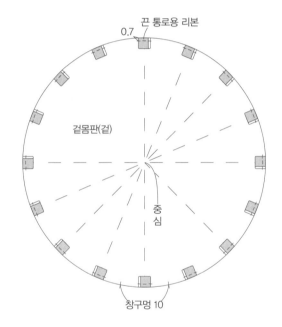

끈 통로용 리본

0.7

겉몸판(겉)

중
심

창구멍 10

**끈 통로용 천**

리본
(16장)

5

3

## ① 끈 통로용 리본을 시침질한다

끈 통로용 리본 16장을 반으로 접고, 겉몸판 주위에 같은 간격으로 시침질한다.

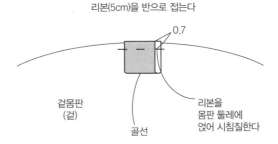

리본(5cm)을 반으로 접는다

0.7

겉몸판
(겉)

골선

리본을
몸판 둘레에
얹어 시침질한다

## ② 겉 · 안몸판을 연결한다

①과 안몸판을 겉끼리 맞대어 창구멍을 남기고 둘레를 봉합한다.

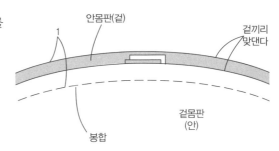

1

안몸판(겉)

겉끼리
맞댄다

겉몸판
(안)

봉합

## ③ 겉으로 뒤집어서 둘레를 상침한다

겉으로 뒤집어 둘레를 상침한다.

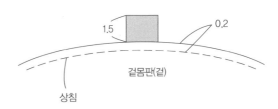

1.5

0.2

겉몸판(겉)

상침

## ④ 로프를 통과시킨다

끈 통로용 리본에 로프를 통과시켜서 손잡이를 만든다.

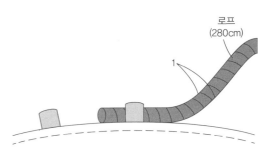

로프
(280cm)

1

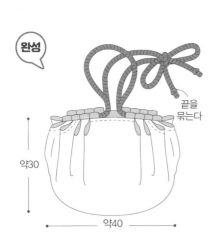

완성

끝을
묶는다

약30

약40

# 프레임 숄더백

74쪽

**완성 사이즈**
폭34.5×높이16×바닥폭9cm(손잡이 제외)

**재료**
프린트무늬 코튼 110cm폭×80cm, 베이지 코튼리넨 70×50cm, 접착심지 50×50cm, 접착심지 60×70cm, 라운드프레임 27.2×9cm 1개, 종이끈 90cm

**실물크기패턴 B면[O]**

`재단배치도`

## 프린트무늬 코튼(겉감)

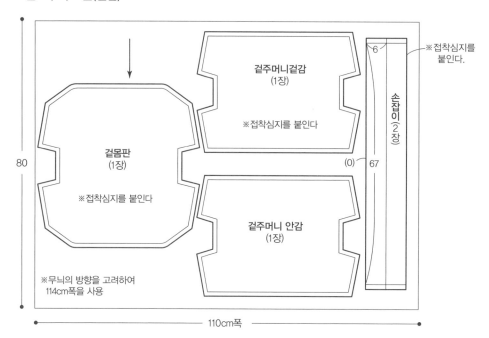

80

110cm폭

※무늬의 방향을 고려하여
114cm폭을 사용

겉몸판
(1장)

※접착심지를 붙인다

겉주머니겉감
(1장)

※접착심지를 붙인다

겉주머니 안감
(1장)

(0)　67

6

손잡이(2장)

※접착심지를
붙인다.

## 베이지 코튼리넨(안감)

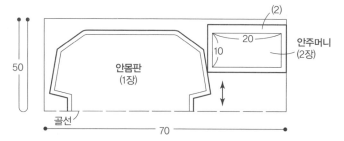

50

70

골선

안몸판
(1장)

(2)

안주머니
(2장)

20

10

① **손잡이를 2개 만든다**

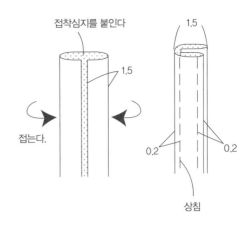

접착심지를 붙인다

1.5

접는다.

1.5

0.2    0.2

상침

② **겉주머니를 만든다**

겉주머니 겉감과 안감을 겉끼리 맞대어 손잡이를 끼우고
주머니 입구를 봉합한 뒤 겉으로 뒤집어 상침을 한다.

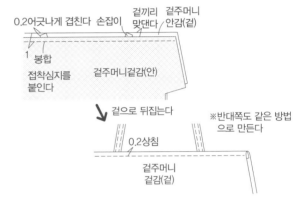

0.2어긋나게 겹친다  손잡이    겉끼리    겉주머니
맞댄다    안감(겉)

1  봉합

접착심지를
붙인다

겉주머니겉감(안)

겉으로 뒤집는다

0.2상침

※반대쪽도 같은 방법
으로 만든다

겉주머니
겉감(겉)

③ **겉몸판에 겉주머니를 단다**

접착심지를 붙이고 겉몸판에 겉주머니를 단다.

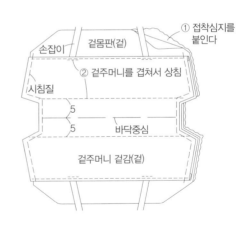

① 접착심지를
붙인다

손잡이    겉몸판(겉)

② 겉주머니를 겹쳐서 상침

시침질

5

5    바닥중심

겉주머니 겉감(겉)

④ **옆선을 봉합하고, 바닥을 만든다**

③을 겉끼리 맞대어 옆선을 봉합하고 바닥을 만든다.

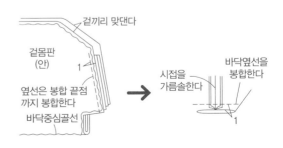

겉끼리 맞댄다

겉몸판
(안)

1

옆선은 봉합 끝점
까지 봉합한다

바닥중심골선

시접을
가름솔한다

바닥옆선을
봉합한다

1

## ⑤ 안몸판을 만든다

안몸판에 안주머니를 달고 겉몸판과 같은 방법으로 만든다.

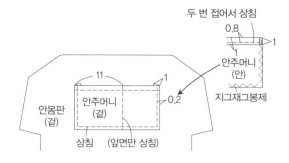

※반대쪽에도 속주머니를 붙여 겉몸판도 동일하게
옆선을 박고 바닥폭을 만든다

## ⑥ 겉 · 안몸판을 연결한다

겉몸판과 안몸판을 겉끼리 맞대어 입구를 봉합한 뒤,
겉으로 뒤집어 입구 둘레를 상침한다.

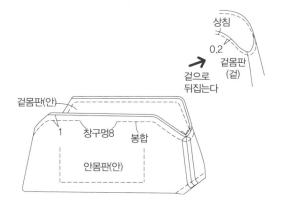

## ⑦ 프레임을 단다

※프레임 다는 법은 80쪽 참조

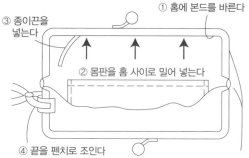

① 홈에 본드를 바른다

③ 종이끈을 넣는다

② 몸판을 홈 사이로 밀어 넣는다

④ 끝을 펜치로 조인다

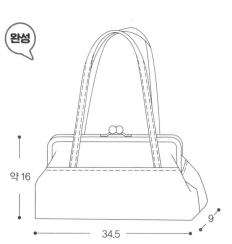

완성

약 16

34.5

9

# 동전지갑

82쪽

**완성 사이즈**
폭8×높이6×바닥폭5cm(프레임 제외)

**재료**
베이지 리넨(1cm평방에 방직실16자루) 16×12cm, 노랑 캔버스 20×12cm, 베이지 리넨(안감)
36×12cm, 1.3cm폭 티롤리안 테이프 8cm, 프레임7.8×5.5cm 1개, 종이끈, 빨강 자수실

**재단배치도**

### 베이지 리넨(겉감)

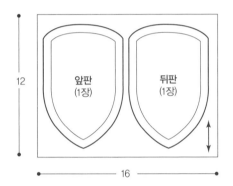

### 노랑 캔버스(겉감)

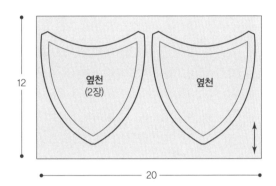

### 베이지 리넨(안감)

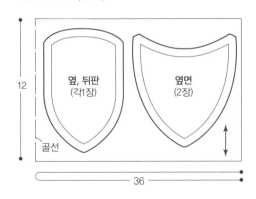

### 크로스스티치

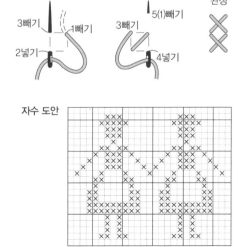

① **겉앞판을 만든다**

앞판 겉감에 크로스스티치를 하고 티롤리안 테이프를 단다.

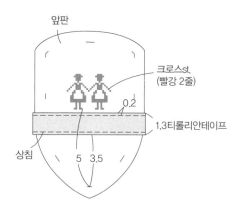

앞판

크로스st.
(빨강 2줄)

0.2

1.3티롤리안테이프

상침

5   3.5

② **겉몸판을 만든다**

앞·뒤판 겉감과 옆천 겉감을 겉끼리 맞대고 봉합해서 겉몸판을 만든다.

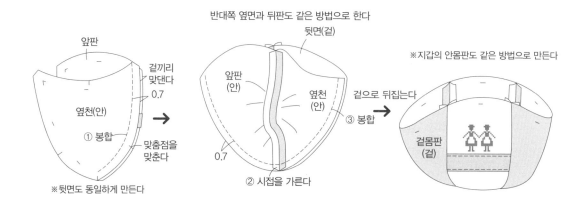

반대쪽 옆면과 뒤판도 같은 방법으로 한다

뒷면(겉)

앞판

겉끼리
맞댄다

0.7

옆천(안)

① 봉합

맞춤점을
맞춘다

※뒷면도 동일하게 만든다

앞판
(안)

옆천
(안)

0.7

② 시접을 가른다

③ 봉합

겉으로 뒤집는다

※지갑의 안몸판도 같은 방법으로 만든다

겉몸판
(겉)

③ **겉·안몸판을 겉끼리 맞닿게 연결한다**

안몸판을 겉몸판과 동일하게 만들어 겉끼리 맞대어 입구에 창구멍을 남기고 봉합한 다음
겉으로 뒤집어 입구 둘레를 상침한다.

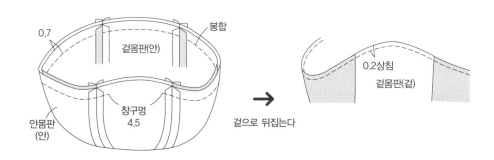

0.7

봉합

겉몸판(안)

안몸판
(안)

창구멍
4.5

겉으로 뒤집는다

0.2상침

겉몸판(겉)

④ 프레임을 단다

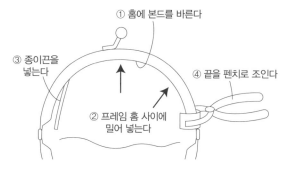

① 홈에 본드를 바른다

③ 종이끈을
넣는다

④ 끝을 펜치로 조인다

② 프레임 홈 사이에
밀어 넣는다

※ 프레임 다는 법은 80쪽 참조

완성

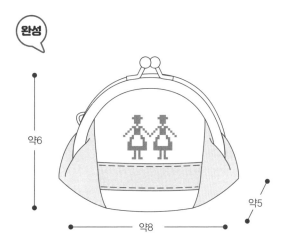

약6

약8

약5

# 빅사이즈 프레임 숄더백 & 스트랩 프레임 파우치

**완성 사이즈**
**숄더백** 폭39×높이30×바닥폭10cm(손잡이 제외)
**파우치** 세로16.5×가로22cm,

**재료**
**숄더백** 프린트무늬 코튼·접착심지 각 80×68cm, 스트라이프무늬 코튼 55×68cm, 4cm폭 테이프 32cm, 2cm폭 테이프 8cm, 지름2cm D링 1개, 손잡이 1쌍(길이70cm), 프레임39×15.5cm 1개
**파우치** 프린트무늬 코튼·스트라이프무늬 코튼·접착심지 각 50×20cm, 프레임 18×10.5cm 1개, 스트랩 1개, 브로치·체인·레이스
**37의 실물크기패턴 B면[S]**

---

**재단배치도**

**스트라이프무늬 코튼(안감, 접착심지)**

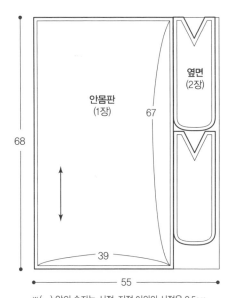

※( ) 안의 숫자는 시접. 지정 이외의 시접은 0.5cm
※접착심지는 시접 필요 없음

**빅사이즈 프레임 숄더백**
**프린트무늬 코튼(겉감)**

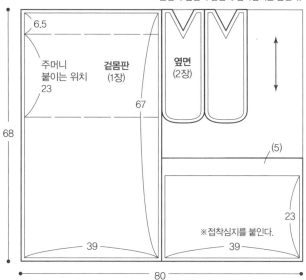

※몸판과 옆천의 안감에 접착심지를 붙인다.

**스트랩 프레임 파우치**
**프린트무늬 코튼(겉감) / 스트라이프무늬 코튼(안감)**

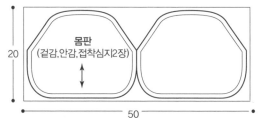

※안몸판에 접착심지를 붙인다.

① **겉몸판에 주머니를 붙인다**

안감과 주머니에 심지를 붙이고, 겉몸판에 주머니와 테이프를 단다.

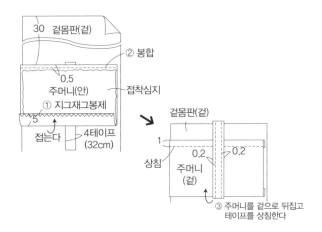

② **겉몸판과 안몸판을 만들어 겉끼리 맞대고 입구를 봉합한다**

몸판과 옆천을 봉합하여 겉몸판과 안몸판을 만든 다음 겉끼리 맞대어 창구멍을 남기고 입구를 봉합한다. 겉으로 뒤집어 창구멍을 공그르기로 막는다.

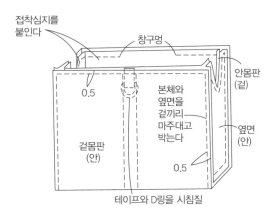

③ **프레임을 단다**

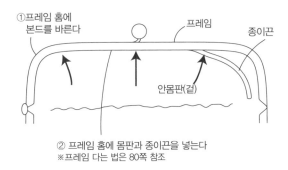

① 프레임 홈에 본드를 바른다
프레임
종이끈
안몸판(겉)
② 프레임 홈에 몸판과 종이끈을 넣는다
※프레임 다는 법은 80쪽 참조

④ 76〜81쪽을 참조하여 파우치를 완성한다(옆천은 필요 없음)

**파우치**

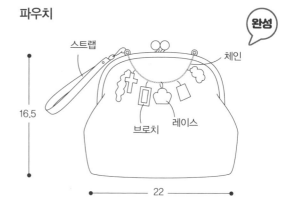

완성

- 스트랩
- 체인
- 브로치
- 레이스

16.5

22

**숄더백**

완성

- 손잡이
- 꿰매 붙인다
- 2 테이프
- D링

30

39

10

# 바네 파우치

84쪽

**완성 사이즈**

바닥가로8.5×높이13×바닥폭5.5cm

**재료**

블루 리넨·프린트무늬 코튼 각 30×25cm, 베이지 리넨 40×25cm, 모티프레이스 1장,
12cm폭×1cm 바네 1개

**실물크기패턴 B면[T]**

---

**재단배치도**

## 블루 리넨

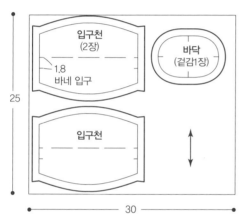

## 베이지 리넨(안감)

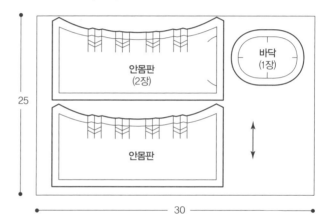

## 프린트무늬 코튼(겉감)

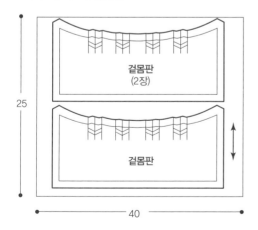

① **겉몸판에 주머니를 붙인다**

겉 · 안몸판에 턱을 잡아서 시침질을 한다.

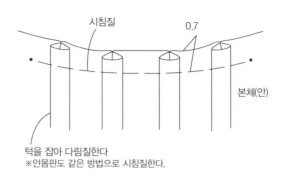

시침질  0.7

본체(안)

턱을 잡아 다림질한다
※안몸판도 같은 방법으로 시침질한다.

② **몸판과 입구천을 봉합한다**

겉 · 안몸판을 입구천과 봉합하고 입구천에 모티프레이스를 단다. 바닥쪽에 큰 땀으로 주름잡기
봉제를 한다. 이것을 2쌍 만든다.

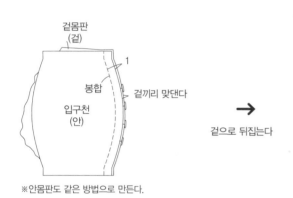

겉몸판
(겉)

봉합  1

겉끼리 맞댄다

입구천
(안)

※안몸판도 같은 방법으로 만든다.

겉으로 뒤집는다 →

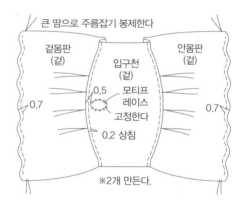

큰 땀으로 주름잡기 봉제한다

겉몸판
(겉)

입구천
(겉)

안몸판
(겉)

0.5  모티프
레이스
고정한다

0.7

0.7

0.2 상침

※2개 만든다.

③ **몸판을 연결한다**

②에서 만든 2장을 겉끼리 맞대어 창구멍과 바네를 통
과시키는 입구를 남겨두고 옆선을 봉합한다.

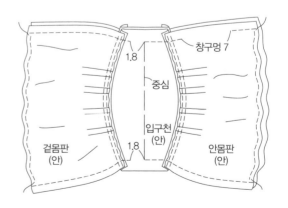

창구멍 7

1.8

중심

입구천
(안)

겉몸판
(안)

1.8

안몸판
(안)

④ **바네를 넣는 입구를 만든다**

바네 입구 시접을 가름솔하고 상침한다.

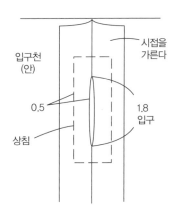

⑤ **겉 · 안몸판과 바닥을 연결한다**

본체의 겉감과 안감 각각에 개더를 잡아서 바닥과 봉합
한다.

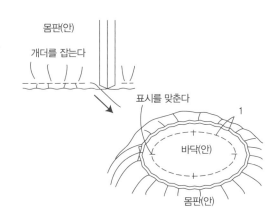

⑥ **겉으로 뒤집어 입구천을 정리한다**

겉으로 뒤집어 입구천을 중심으로 접어 바네 둘레에 미
싱스팅치를 한다. 창구멍을 공그르기로 막는다.

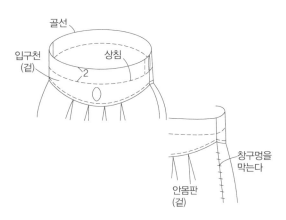

⑦ 바네를 단다

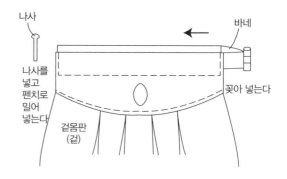

나사

바네

나사를
넣고
펜치로
밀어
넣는다

꽂아 넣는다

겉몸판
(겉)

완성

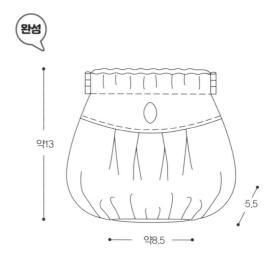

약13

5.5

약8.5

# 와이어 파우치

85쪽

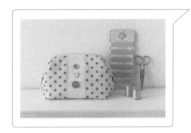

**완성 사이즈**
폭16×높이12×바닥폭10cm

**재료**
도트무늬 캔버스 26×36cm, 스트라이프무늬코튼 28×36cm, 레몬옐로우 캔버스 6×36cm, 블루 리넨 8×6cm, 30cm 코일지퍼 1개, 와이어 15×6cm 1개, 장식용 단추 3개

재단배치도

도트무늬 캔버스(겉감)

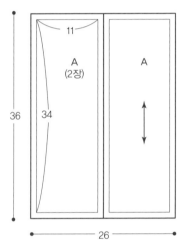

B(1장)

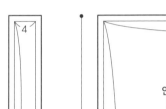

스트라이프무늬 코튼

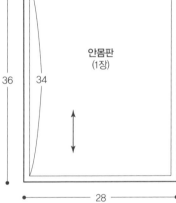

레몬옐로우 캔버스(겉감)

블루 리넨(지퍼 장식용)

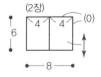

① **A와 B를 봉합해 겉몸판을 만든다**

A와 B를 봉합하고 시접을 가름솔로 다려서 겉몸판을 만든다.

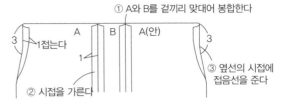

① A와 B를 겉끼리 맞대어 봉합한다

③ 접는다

② 시접을 가른다

③ 옆선의 시접에 접음선을 준다

※ 다리미로 시접을 누른다. 안몸판도 같은 방법으로 만든다.

② **겉몸판과 안몸판에 지퍼를 단다**

겉몸판과 안몸판을 겉끼리 맞대어 사이에 지퍼를 끼우고 봉합한다.

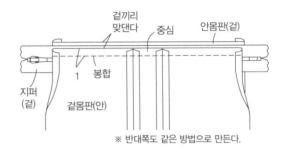

겉끼리 맞댄다

중심

안몸판(겉)

봉합

지퍼(겉)

겉몸판(안)

※ 반대쪽도 같은 방법으로 만든다.

③ **옆선을 봉합한다**

지퍼를 중앙으로 오게 해서 겉몸판과 안몸판을 각각 겉끼리 맞대어 옆선을 봉합한다. 좌우 옆선의 3cm는 남겨두고 봉합한다.

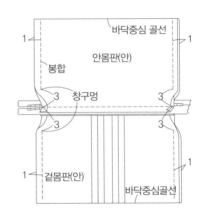

바닥중심 골선

안몸판(안)

봉합

창구멍

겉몸판(안)

바닥중심골선

④ **바닥을 만든다**

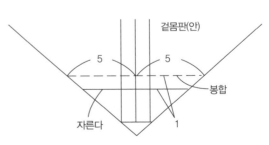

겉몸판(안)

봉합

자른다

※안몸판도 같은 방법으로 만든다.

⑤ **겉으로 뒤집어 입구를 상침한다**

겉으로 뒤집어 입구와 와이어 넣는 부분을 상침한다.

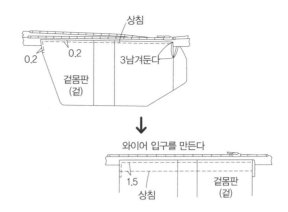

상침

0.2    0.2    3남겨둔다

겉몸판
(겉)

와이어 입구를 만든다

1.5    상침    겉몸판
(겉)

⑥ **와이어를 넣는다**

겉와이어를 넣고 입구를 막는다.

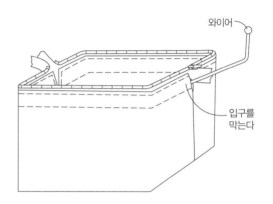

와이어

입구를
막는다

⑦ **지퍼 장식을 만든다**

지퍼 양쪽을 지퍼장식용 천으로 감싸 감침질하고, 장식
용 단추를 단다.

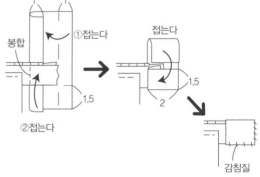

1    1

봉합

①접는다

②접는다

1.5

접는다

1.5

2

감침질

**완성**

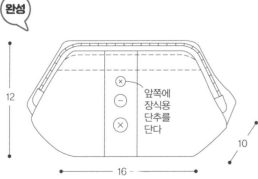

12

⊗
⊖
⊗

앞쪽에
장식용
단추를
단다

16

10

## design & make

지퍼 도트백 & 지퍼 파우치 / 아오키 에리코

미니 보스턴백 / 구보데라 요코

마린 스트라이프 보스턴백 & 다용도 파우치 / 이토 미치요

둥근바닥 숄더백 / 히라이즈미 치에

더블지퍼 파우치 / 히라이즈미 치에

라운드 파우치 / 히라이즈미 치에

2단변신 지퍼백 & 반달 파우치 / 이토 미치요

스퀘어 보스턴백 / 아오키 에리코

단색 보스턴백 / 아오키 에리코

백 인 백 / 아오키 에리코

칸막이 파우치 / 아오키 에리코

화장품 파우치 / 아오키 에리코

열쇠고리 미니 파우치 / 아오키 에리코

주름 파우치 / 오키 유키

삼각파우치 A & 삼각파우치 B / 히라이즈미 치에

비즈니스백 / 다나카 토모코

스퀘어 마르쉐백 / 후쿠다 토시코

둥근바닥 토트백 / 시게즈미 유카

리버시블 백 / 시게즈미 유카

리본 포쉐트백 / 쿠보데라 요코

미니파우치 & 숄더백 / 타나카 토모코

레이스 그래니백 / 후쿠다 토시코

배색 그래니백 & 배색 파우치 / 시게즈미 유카

우드핸들 에그백 / 시게즈미 유카

플랩 마르쉐백 / 아오키 에리코

서큘러백 / 우미가이 타츠야

프레임 숄더백 / 카도 요코

프레임 파우치 / 카도 요코

동전지갑 / 후쿠다 도시코

빅사이즈 프레임 숄더백 & 스트랩 프레임 파우치 / 후쿠다 도시코

바네 파우치 / 오키 유키

와이어 파우치 / 스기노 미와코

## 가방과 파우치를 만듭니다

2022년 2월 3일 개정2판 1쇄 인쇄
2022년 2월 10일 개정2판 1쇄 발행

**지은이** | 일본보그사
**옮긴이** | 고심설
**감수** | 코하스아이디 소잉스토리
**펴낸이** | 이종춘
**펴낸곳** | ㈜첨단

**주소** | 서울시 마포구 양화로 127 (서교동) 첨단빌딩 3층
**전화** | 02-338-9151
**팩스** | 02-338-9155
**인터넷 홈페이지** | www.goldenowl.co.kr
**출판등록** | 2000년 2월 15일 제 2000-000035호

**본부장** | 홍종훈
**편집** | 조연곤
**본문 디자인** | 조서봉
**전략마케팅** | 구본철, 차정욱, 나진호, 이동후, 강호묵
**제작** | 김유석
**경영지원** | 윤정희, 이금선, 최미숙

ISBN 978-89-6030-592-2 13630

BM **황금부엉이**는 ㈜첨단의 단행본 출판 브랜드입니다.

황금부엉이에서 출간하고 싶은 원고가 있으신가요? 생각해보신 책의 제목(가제), 내용에 대한 소개, 간단한 자기소개, 연락처를 book@goldenowl.co.kr 메일로 보내주세요. 집필하신 원고가 있다면 원고의 일부 또는 전체를 함께 보내주시면 더욱 좋습니다. 책의 집필이 아닌 기획안을 제안해 주셔도 좋습니다. 보내주신 분이 저 자신이라는 마음으로 정성을 다해 검토하겠습니다.